DAS KRISTALLZEICHNEN

AUF GRUNDLAGE DER STEREOGRAPHISCHEN PROJEKTION

VON

H. TERTSCH

MIT 34 TEXTABBILDUNGEN

WIEN
VERLAG VON JULIUS SPRINGER
1935

ISBN-13: 978-3-7091-9780-6 e-ISBN-13: 978-3-7091-5041-2
DOI: 10.1007/978-3-7091-5041-2

Vorwort.

Neben Rob. L. PARKERS eingehendem und aufschlußreichem Buch: „Kristallzeichnen" (Bornträger, Berlin 1929) scheint es vielleicht überflüssig, das gleiche Thema und noch dazu in gewollter Einschränkung auf die stereographische Projektion als Unterlage neuerlich zu behandeln. Das um so mehr, als in dem wohlbekannten, vielbenützten Büchlein H. E. BOEKES: „Die Anwendung der stereographischen Projektion bei kristallographischen Untersuchungen" (Bornträger, Berlin 1911) auch die Frage des Kristallzeichnens in ihren Grundzügen knapp erörtert wird.

Das immer noch zunehmende Interesse an der Kristall*morphologie*, an Trachtuntersuchungen hat aber der zeichnerischen Darstellung der Kristalle einen besonderen Wert zuerkannt und ließ auch Aufgaben aufscheinen, die in gleichem Maße und mit gleicher zwingender Notwendigkeit sich bis dahin noch nicht aufgedrängt hatten. Dahin gehören zuallererst die eindeutigen Beziehungen zwischen den Zentraldistanzen der den Kristall umgrenzenden Flächen und der Formausbildung dieser Flächen selbst, also die Aufgabe, aus den Zentraldistanzen das Trachtbild zu zeichnen, oder umgekehrt, aus dem Trachtbild die Zentraldistanzen zurückzugewinnen.

In den vorgenannten Werken finden sich aber gerade in diesen Belangen nur sehr spärlich jene Weisungen, die der mit Trachtuntersuchungen beschäftigte Forscher zur raschen und handlichen Durchführung seiner zeichnerischen Aufgaben benötigen würde. BOEKES Ausführungen sind viel zu knapp dazu und die weit ausführlichere Darstellung PARKERS ist neben anderem vor allem auf seine stark rechnerische Methode der „Bildkantenazimute" eingestellt, die auf der Kenntnis der Kristallkantenlängen, nicht aber auf jener der Mittelpunktsabstände der Flächen beruht. Es dürfte sich demnach eine Ergänzung der bestehenden Anleitungen zum Kristallzeichnen nach dieser Seite hin als gerechtfertigt erweisen.

Außerdem gewann der Verfasser teilweise in seiner Hochschullehrtätigkeit, teilweise bei gelegentlichen Besprechungen, den Eindruck, daß es zweckmäßig sein könnte, einmal alles das, was die in der Kristallkunde mit Recht so beliebte stereographische Projektion auch hinsichtlich der zeichnerischen Darstellung zu leisten vermag, handlich zusammenzustellen. Es muß wohl nicht erst betont werden, daß die zeichnerischen Grundlagen, wie sie vor allem V. GOLDSCHMIDT schuf, wie sie aber auch durch F. STÖBER (Sur une méthode de dessin des cristaux... Bull. soc. fr. min. **22**, 42, 1899) und S. L. PENFIELD (Über Kristallzeichnen unter Zugrundelegung stereographischer und gnomonischer Projektionen... Ztschr. f. Krist. **43**, 1, 1907) geboten wurden, ausführliche Verwendung fanden. Dagegen wurde auf eine Wiedergabe der Grundlagen der stereographischen Projektion verzichtet und *deren Kenntnis als gegeben vorausgesetzt.*

Die betont *graphische* Behandlung der Frage um das Kristallzeichnen bringt es mit sich, daß in dieser kleinen Schrift eine Bezugnahme zu PARKERS rechnerischer Methode unterblieb. Mit Nachdruck sei aber darauf hingewiesen, daß PARKERS Betonung des Wertes der Bildkantenazimute *und* der Verkürzungsfaktoren sehr wesentlich zu einer geometrisch einwandfreien Formulierung kristallzeichnerischer Aufgaben beitrug.

Aus Gründen einer möglichst allgemeinen Verwendbarkeit wurden alle Aufgaben [mit Ausnahme jener in den Abschnitten (**31**) bis (**36**)] so dargestellt, daß sie *ohne* Verwendung des WULFFschen Netzes gelöst werden können. Gelegentlich wurde auf die allfällige Abänderung bei Heranziehung des WULFFschen Netzes hingewiesen, in der überwiegenden Mehrzahl der Fälle es aber dem Leser überlassen, die hier dargestellten Methoden der Arbeit mit dem Netz sinngemäß anzupassen.

Vorliegende kleine Schrift wuchs aus der Praxis heraus und will nur praktischen Aufgaben dienen. Möge sie dazu helfen, die Bilddarstellung der Kristalle bei aller Genauigkeit immer leichter zu gestalten.

Schließlich erwächst mir noch die angenehme Pflicht, dem Verlage JULIUS SPRINGER für die Ermöglichung der Drucklegung und für die sorgfältige Ausstattung dieses Heftchens meinen verbindlichsten Dank abzustatten.

Wien, Ostern 1935. **H. Tertsch.**

Inhaltsverzeichnis.

Einleitung.

1. Von einem Kristallbild fordert man mathematische Genauigkeit und Anschaulichkeit. Die erste Forderung könnte durch jede Art konstruktiver Perspektive befriedigt werden, die zweite aber verlangt eine Darstellung, bei der die typische Formgesetzmäßigkeit der Kristallwelt, der Zonenverband, möglichst augenfällig erkennbar wird. Da sich das Auftreten von Zonen an dem Kristall im Kantenparallelismus ausdrückt, muß jene Darstellungsform gewählt werden, bei der die am Kristall auftretenden Parallelen auch im Bilde als Parallele erscheinen.

Das zwingt zur Verwendung der *Parallelperspektive* („Axonometrie"). Das Projektionszentrum liegt dabei im Unendlichen, die Projektionsstrahlen (Sehstrahlen) laufen parallel und werden auf einer zu ihnen senkrecht stehenden Rißebene aufgefangen *(Orthogonale Parallelprojektion)*.[1] Irgendwelche Linien (Kanten) oder Flächen können in dieser Projektionsart nur dann unverzerrt, „in wahrer Größe" auftreten, wenn sie parallel zur Projektionsebene („Zeichenebene") liegen. Kanten, die zur Zeichenebene senkrecht, also in der Richtung der Projektionsstrahlen verlaufen, verkürzen sich zu einem Punkt, Flächen senkrecht zur Zeichenebene stellen sich nur durch eine Linie („Spur") dar. In jeder anderen Lage erfahren Kanten und Flächen in der Zeichnung gewisse Verzerrungen (Verkürzungen), die in einfacher Weise durch ihre Neigung zur Zeichenebene festgelegt sind. Ist φ der Winkel, den die geneigte Kante (oder Fläche) mit der Projektionsebene einschließt, so ist die wahre Größe der Kante K (oder Fläche F) mit der in der Abbildung erscheinenden Größe K' (oder F') durch die Gleichung verbunden:

$$K' = K \cdot \cos\varphi, \text{ (bzw. } F' = F \cdot \cos\varphi).$$

Um die Kanten richtig darzustellen, müssen sie also nach *Richtung* und *Neigung* gegenüber der Projektionsebene bekannt sein. Es muß

[1] Die sogenannte „*schiefe Parallelprojektion*" macht sich von dieser Bindung zwischen Sehstrahl und Zeichenebene frei, wodurch die Konstruktion verwickelter wird, ohne daß die Abbildung von Kristallen dabei wesentlich gewänne. C. VIOLA hat im Neuen Jahrbuch f. Min. 1912, II, 103, auf Grundlage der gnomonischen Projektion eine diesbezügliche Zeichenmethode für Kristallbilder ausgearbeitet.

demnach die Kristallzeichnung auf eine Projektionsart aufgebaut werden, die diese beiden Forderungen zu erfüllen vermag. Dazu soll im folgenden die *stereographische Projektion* dienen.

2. Die stereographische Projektion bietet dem Kristallographen zwei Vorteile: die *Winkeltreue* und den Umstand, daß *Kreise auf der Projektionskugel auch in der Zeichenebene als Kreise* erscheinen. Ein weiterer Vorteil liegt noch darin, daß sich alle Flächenpole der *über* der Zeichenebene liegenden Hälfte der Projektionskugel *innerhalb* des Grundkreises, alle darunter liegenden Flächenpole außerhalb desselben projizieren. Nur die dem Projektionszentrum (hier dem „Südpol" der Projektionskugel) naheliegenden Flächenpole können praktisch nicht mehr erfaßt werden, weil ihre Projektionspunkte zu weit hinausrücken. Das Projektionszentrum selbst liegt ringsum im Unendlichen abgebildet. Die Zeichenebene wird in die Äquatorebene verlegt.

Bei der gegenseitigen Bezugnahme der stereographischen und der orthogonalen Parallelprojektion zwecks Anfertigung eines Kristallbildes ist die Verschiedenheit der verwendeten Projektions*zentren* zu beachten. Dieses liegt für die stereographische Projektion im Südpol („Augenpunkt"), für die normale Axonometrie im Unendlichen.

Das Kristallbild in der Ebene der stereographischen Projektion.[1]

3. Die Zeichenebene der orthogonalen Parallelprojektion fällt hier mit der Ebene der stereographischen Projektion zusammen.

Die Richtung einer Kante ist durch die Achse jener Zone gegeben, die durch die beiden in der Kante zusammenstoßenden Kristallflächen festgelegt ist. In der stereographischen Projektion entspricht der zum Zonen*pol* führende Radius dieser Richtung (OP in Abb 1a). In der „Draufsicht" (Parallelprojektion auf die Zeichenebene der stereographischen Projektion) ist demnach die gesuchte Kantenrichtung durch die Richtung OP der stereographischen Projektion gegeben (Abb. 1b). Die Kanten sämtlicher, der Zone AMA' angehörigen Flächen liegen parallel dieser Richtung. Da OP normal zum Zonendurchmesser AA' liegen muß und nur die Richtung, nicht aber die Länge der Strecke OP maßgebend ist, wird die gesuchte Kantenrichtung auch durch die *Grundkreistangente* in A und A' bestimmt, so daß das Aufsuchen des Zonenpoles P überflüssig wird.

Mit dem Winkel PR ($= \sphericalangle MO$, vgl. Abb. 1b) ist die Neigung der Kantenrichtung gegen die Zeichenebene und damit der *Verkürzungsgrad*

[1] In der Mehrzahl der Fälle bedeutet dies die Anfertigung des „*Kopfbildes*", also jener Ansicht des Kristalls, bei der die Hauptachsenrichtung als Projektionsrichtung dient.

gegeben. Die Kante von der Länge HJ bildet sich dabei in HK ab (Abb. 2).[1]

4. Anfertigung des Kopfbildes. Am zweckmäßigsten ist es, zuerst den *Umriß* festzustellen. Das ist sehr einfach, wenn der Grundkreis

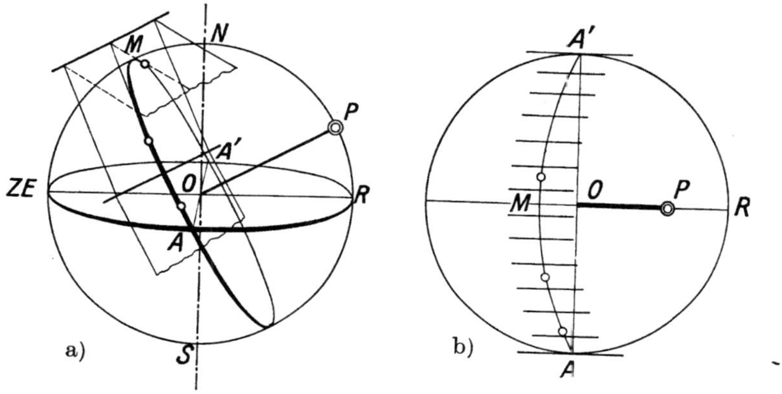

Abb. 1. a) Perspektivische Darstellung einer Zone mit ihren Flächen und der Zonenachse, b) Stereographische Projektion der gleichen Zone und Zonenachse.

der Projektion mit Flächenpolen besetzt ist. Die Grundkreisflächen stellen sich nach Abschnitt **1** als Gerade dar, deren Richtungen den Tangenten in dem jeweiligen Grundkreispole parallel laufen. Die Längen dieser Spuren entsprechen den horizontalen Breiten der aufrechten Flächen. Man mißt also die Breiten der Grundkreisflächen am Kristall ab und fügt in den durch die Tangenten der Grundkreispole gegebenen Richtungen die einzelnen Flächenspuren aneinander, bis der Umriß geschlossen ist.

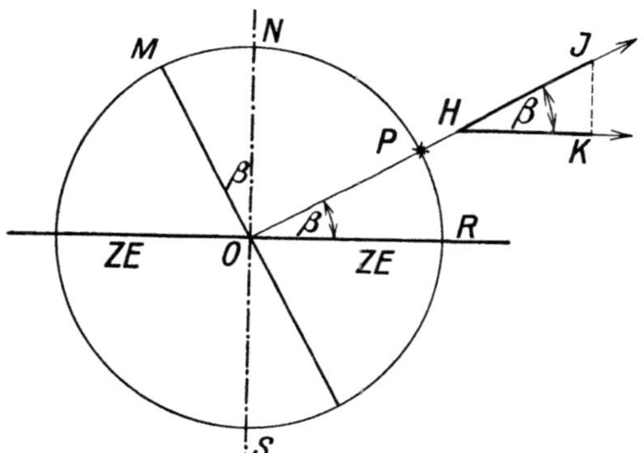

Abb. 2. Zone AMA' aus Abb. 1a von A aus gesehen. ZE = Zeichenebene, NS = Projektionsachse.

Sind im Grundkreis keine Flächen (z. B. bei dem Kopfbild eines Kalkspat-Skalenoeders), dann wird der Umriß eben durch die Projektion der Kanten gebildet und deren Richtungen erhält man nach **3**, indem man an jener Stelle, wo der Zonenkreis den Grundkreis durchschneidet, eine Tangente an diesen legt.

[1] Bei Verwendung des WULFFschen Netzes ist der Verkürzungswinkel β ($MN = PR$) leicht aus dem Netz selbst abzulesen.

Unter Benützung geeigneter Ecken und Kanten baut man nun vom Umriß her das Bild nach innen weiter. Hierbei ist die *Verkürzung* der geneigt liegenden Kanten (bzw. Flächenbreiten) entsprechend ihrem Neigungswinkel zu beachten und zu verwerten (Abb. 3). Liegt eine Fläche parallel der Zeichenebene, dann treten deren Kantenlängen unverändert in das Bild ein.

Die Konstruktion vereinfacht sich wesentlich, wenn man die Symmetrie ausnützen kann, also bei Anfertigung idealisierter Kopfbilder. Hierzu genügt die projektive Ausarbeitung eines Teiles des Bildes, soweit es eben durch Spiegelung, bzw. Drehung zum vollen Bild ergänzt

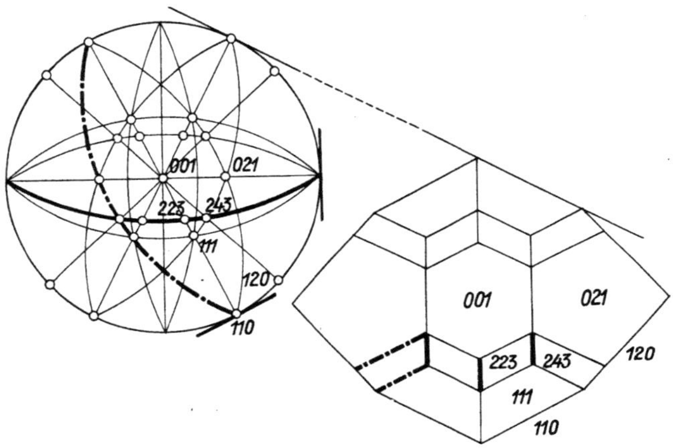

Abb. 3. Topas-Projektion und Kopfbild. Zwei Zonen und die zugehörigen (Tangenten) Kanten sind stark, bzw. strichpunktiert ausgezogen.

werden kann. Im tetragonalen System genügt z. B. die Kantenkonstruktion für einen Quadranten (unter Umständen sogar nur eines Oktanten), im hexagonalen System die für einen Sextanten usw.

5. Eintragung der Unterseitenflächen. In vielen Fällen ist es vorteilhaft, auch die unsichtbaren Unterseitenflächen richtig mit einzutragen. Wenn es sich um die Bilder unverzerrter, idealisierter Kristalle handelt, wird man natürlich alle Symmetriebedingungen verwerten können, ohne eine vollständig abgesonderte Konstruktion des Unterseitenbildes vornehmen zu müssen.

In Kristallen mit *Symmetriezentrum* gewinnt man jede Unterseitenecke dadurch, daß man jede (sichtbare) Oberseitenecke unter Vermittlung des geometrischen Mittelpunktes des Kopfbildes zentrisch symmetrisch abbildet (Abb. 4).

Bei Kristallen mit *Symmetrieebene* senkrecht zur Projektionsrichtung, also *parallel mit der Grundkreisebene*, fallen die Projektionen der Unterseitenecken, -kanten und -flächen *genau* unter jene der Oberseite, bedürfen also keiner eigenen Konstruktion.

In allen anderen Fällen, bzw. bei verzerrten Kristallen ist es nötig, die Kanten der Unterseite selbständig zu konstruieren. Dazu muß die

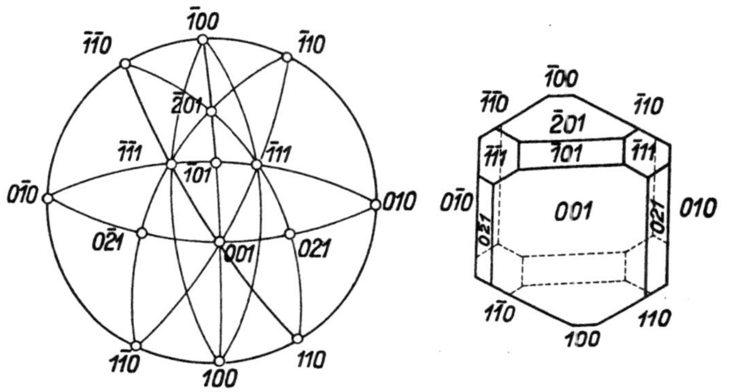

Abb. 4. Anorthit, Kopfbild mit Unterseite.

Lage der Unterseitenpole in der stereographischen Projektion bekannt sein. Bei strenger Durchführung der Projektion befinden sich die Unterseitenpole der Flächen außerhalb des Grundkreises. Die Zonenkreise sind zu vervollständigen, zu schließen und dann die Konstruktion in der in 4 angegebenen Weise durchzuführen.

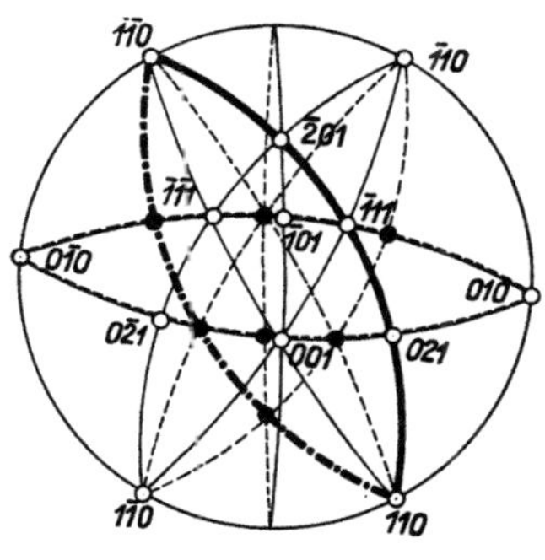

Abb. 5. Anorthit: Die Unterseite aus dem N-Pol projiziert. Eine Zone und deren Fortsetzung auf der Unterseite (strichpunktiert) sind stark ausgezogen.

Da dies aber wegen der gewaltig ausgedehnten Zeichenebene vielfach unübersichtlich und schwierig ist, verwendet man häufig eine Abänderung der Konstruktion, die leicht durchzuführen ist, aber erhöhte Aufmerksamkeit fordert. Man projiziert nämlich die Unterseite aus dem „Nordpol" (statt aus dem „Südpol") *innerhalb* des gleichen Grundkreises. Für die Anfertigung des Bildes sind nur die Zonen maßgebend. Es ist also zu beachten, daß bei dieser Art der stereographischen Projektion aus *zwei* Gegenpolen jede Zonenhälfte der Oberseite sich auf der *anderen* Seite des zugehörigen Zonendurchmessers in gleicher Weise in der Unterseite fortsetzt (Abb. 5). Die Zonenstücke der Unterseite und die zugehörigen Hälften der Oberseite liegen symmetrisch über dem gleichen Durchmesser, in dessen Endpunkten die Tangenten die gewünschte Kantenrichtung festlegen.

6. Das Kopfbild des Berührungspolyeders.[1] Sehr häufig soll aus bekannten Zentraldistanzen das diesen Messungen entsprechende Bild des Kristalls konstruiert werden. Vor Lösung dieser ganz allgemein gestellten Aufgabe sei zunächst der Sonderfall behandelt, wie das Kristallbild in der Ebene der stereographischen Projektion (Kopfbild) aussieht, wenn wir uns vorstellen, daß *alle* Flächen als Tangentialebenen an die Projektionskugel gelegt werden, also alle *gleiche* Zentraldistanzen (=dem Radius der Projektionskugel) haben.

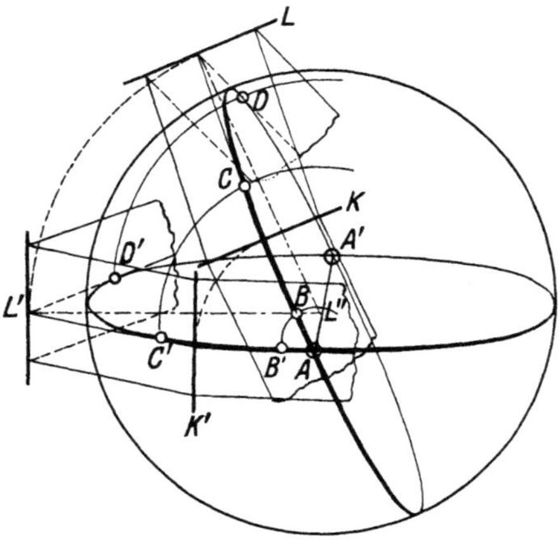

Abb. 6. Perspektivische Darstellung einer Zone und deren Umklappung in den Grundkreis.

Der Umriß ist einfach dadurch gegeben, daß man an alle Grundkreispole Tangenten legt und diese bis zum gegenseitigen Schnitt verlängert.[2]

Bei allen zur Zeichenebene geneigten Zonen ist zwar die *Richtung* der Kante zwischen den Flächen einer Zone durch die Tangente am Ende des Zonendurchmessers gegeben, nicht aber jener Punkt innerhalb des Umrisses, durch den diese Richtung hindurchzulegen ist. Verlagert man die Zone in den Grundkreis, so ermitteln sich die richtigen Kantenlagen genau wie bei der Grundzone (Umriß). Bei diesem Umklappen der Zone in den Grundkreis beschreiben die Flächenpole der Zone und die Kanten selbst Kreisbahnen, deren Ebenen alle senkrecht zu dem Zonendurchmesser AA' stehen (Abb. 6) und die daher in der Draufsicht (Parallelprojektion) als Gerade senkrecht zu AA' erscheinen.

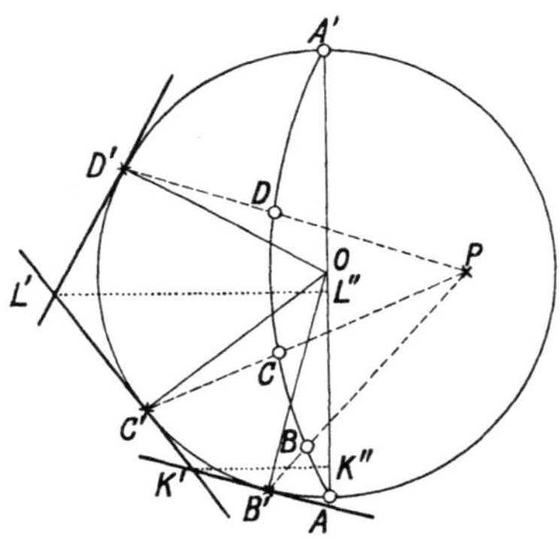

Abb. 7. Durchführung der Umklappung einer Zone in der stereographischen Projektion.

7. Man klappt also die Zone $ABCDA'$ durch Vermittlung ihres Pols P in den Grundkreis[3] (Abb. 7). In dieser

---

[1] Vgl. hierzu Ztschr. f. Krist. (A), 88, 460 (1934).

[2] Zweckmäßigerweise legt man diesen Umriß durch Parallelverschiebung *neben* die stereographische Projektion, um diese nicht durch zu viele Linien zu verwirren.

[3] Das geschieht durch Gerade, die vom Zonenpol P über die einzelnen Flächenpole zum Grundkreis gezogen werden (zu B', C', D' der Abb. 6 u. 7).

Lage werden die Tangenten an B', C', D' usw. gelegt, die sich in den Kantenspuren K' und L' schneiden. Da sich diese Umklappung in Bahnen bewegt, deren Spuren in orthogonaler Projektion als Gerade durch K' und L' senkrecht zu AA' verlaufen, so stecken sich damit auf dem Zonendurchmesser AA' die beiden Punkte K'' und L'' ab, womit eindeutig jene Stellen im Grundriß (Kopfbild) festgelegt sind, durch die die unbegrenzt gedachten Kanten hindurchgehen müssen.

Man überträgt nun den Zonendurchmesser AA' mit den beiden Punkten K'' und L'' in das neben die Projektion gelegte Kopfbild und legt durch diese Normale zum Zonendurchmesser.

Auf diese Weise wird jede Zone in den Grundkreis geklappt, die Lage der Kanten gesucht und durch Rückdrehung werden jene Punkte auf

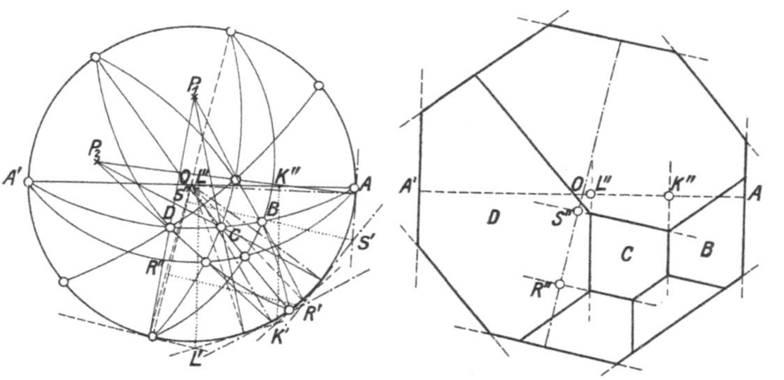

Abb. 8. Trikline Kombination: Kopfbild des Berührungspolyeders. Konstruktion der Zone ACA' gestrichelt, Konstruktion einer anderen Zone durch C strichpunktiert.

dem jeweiligen Zonendurchmesser gewonnen, durch die die Kanten gelegt werden müssen. Damit grenzen sich allmählich die Flächen gegenseitig ab und werden die Eckpunkte bestimmt. Das richtige Zusammenstoßen von mindestens drei Kanten in einer körperlichen Ecke ist ein sehr empfindlicher Prüfstein für die Genauigkeit der Konstruktion (Abb. 8).

8. Das Kopfbild einer gemessenen Kristalltracht. Für diesen praktisch häufigsten Fall gelten die gleichen Überlegungen. Zuerst wird wieder der Umriß bestimmt. Dazu sind auf den zu den Grundkreispolen führenden Flächennormalen (Radien) die gemessenen Zentraldistanzen in einem gewählten Maßstabe aufzutragen und durch den Endpunkt jedes Vektors eine Normale zu legen (parallel mit der Tangente im Flächenpol). Diese so gewonnenen Spuren der Grundkreisflächen werden gegenseitig zum

---

Bei Verwendung des WULFFschen Netzes legt man AA' auf den Nullmeridian und verfolgt die Flächenpole auf den entsprechenden Kleinkreisen (Parallelkreisen) bis in den Grundkreis.

Schnitt gebracht und umschließen so das Kristallbild. Hierbei ist es aus Gründen der Deutlichkeit wohl unerläßlich, das Bild *neben* die Projektion zu legen.

Die Behandlung geneigter Zonen, bzw. Flächen erfolgt nach der in **6** beschriebenen Umklappung genau auf die gleiche Weise. Auch hier sind auf den umgeklappten Flächennormalen die Zentraldistanzen abzustecken, die dazu normalen Flächenspuren in den Vektorenden zu konstruieren und, wie früher geschildert, in die ursprüngliche Zonenlage zurückzuführen (vgl. hierzu die Punkte K', L', bzw. K'', L'' in der Abb. 9).

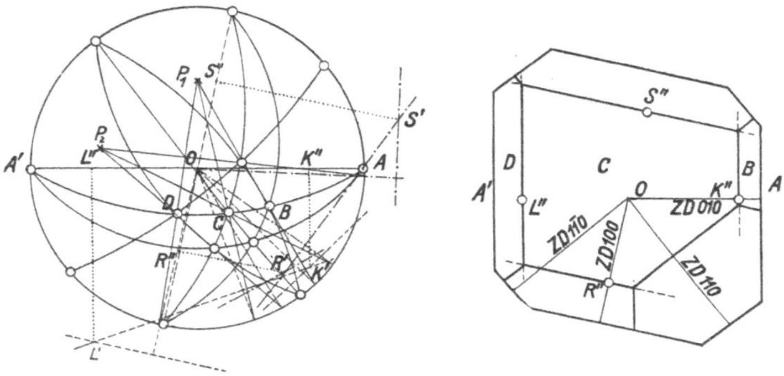

Abb. 9. Kopfbild der gleichen Kombination wie in Abb. 8 mit *gegebenen* Zentraldistanzen. Zeichenerklärung wie in Abb. 8 (vgl. auch Abb. 16).

Das parallelperspektivische Kristallbild in einer beliebigen Ebene.

9. Die Zeichenebene fällt *nicht* mehr mit der Grundkreisebene zusammen. Ihre Lage ist durch ihren Pol (W) gegeben.

Würde man die ganze Projektion so weit umklappen, bis der Zeichenebenenpol W in die Projektionsmitte fällt, dann wäre der vorhin geschilderte Fall gegeben, wobei die Zeichenebenen der stereographischen und der Parallelprojektion zusammenfallen. Dort, wo die verschiedenen Zonen den neuen Grundkreis durchschneiden, wären wieder Tangenten zu ziehen, wodurch die gesuchten Kantenrichtungen bestimmt sind. Das übrige Verfahren ginge nach **3** bis **8**.

Da das Umzeichnen der stereographischen Projektion auf die neue Lage (W im Mittelpunkt) selbst bei Verwendung des Wulffschen Netzes meist sehr umständlich ist, erscheint es zweckmäßiger, nur jene Stellen zu übertragen, in denen die einzelnen Zonenkreise die neue Zeichenebene durchschneiden.

Dazu ist es notwendig, die *Zeichenebene*, in der das Bild konstruiert werden soll, *in zyklographischer Projektion* (als Großkreis) darzustellen. Es ist das jener Großkreis, für den W der Pol ist. Anders ausgedrückt:

Man legt die durch W bestimmte Zeichenebene durch den Mittelpunkt der Projektionskugel und verzeichnet auf dieser den Schnitt zwischen Ebene und Kugel.

Diese zyklographische Projektion der Zeichenebene wird von den einzelnen Zonenkreisen durchschnitten und *diese Schnittpunkte* sind nun in die neue Projektionsebene zu übertragen (Abb. 10). Der Schnitt der Zone AA' mit dem Zeichenebenengroßkreis SS', der Punkt B, der durchaus keinem Flächenpol entspricht, wird durch Vermittlung des Poles W in den Grundkreis nach B' gebracht. Nach **3** bis **8** gibt dann die Tangente in diesem Punkt (also die Normale auf den Radius OB', *nicht* auf WB'!) die Richtung der gesuchten Kante in der gewählten Zeichenebene.

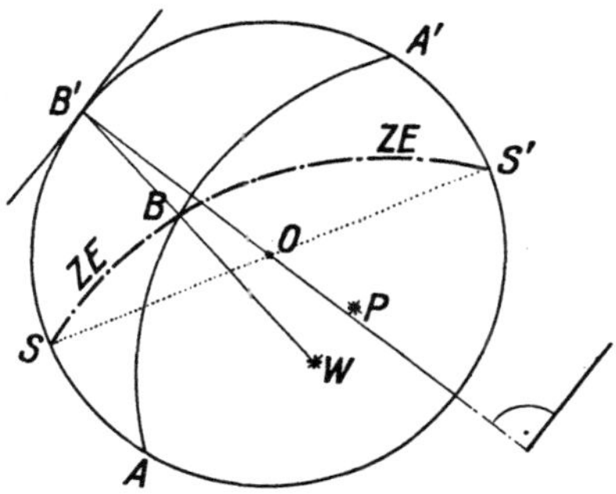

Abb. 10. Konstruktion einer Kantenrichtung im schiefen Bilde aus der stereographischen Projektion.

In Anlehnung an die V. GOLDSCHMIDTsche Bezeichnungsweise nennen wir den Pol der Zeichenebene den „*Winkelpunkt*" (W). Denken wir uns die Umklappung der Zeichenebene in die Grundkreisebene ausgeführt, so zeigt ein Blick auf die Abb. 10, daß dabei der Durchmesser SS' als Rollachse dient und bei der Umwälzung W nach O kommt. Jeder Punkt der Zeichenebene beschreibt bei der Umklappung im Raume Kreisbahnen, die dem durch WO gehenden Großkreis parallel sind und die sich daher *in der Parallelperspektive als gerade Linien parallel* OW projizieren.

Diese ausgezeichnete Richtung OW soll als „*Nullmeridian*"[1] bezeichnet werden (entsprechend dem Durchmessermeridian des WULFFschen Netzes). Nun kann man leicht die Winkel der Kantenspuren gegen diese Ausgangsrichtung ablesen. Es sind dies die „*Bildkantenazimute*".[2]

10. Verkürzungsfaktor, bzw. Winkel für die Verkürzung. Das „Verkürzungsmaß" ist hier besonders wichtig, da sich ja im allgemeinen *keine* Kante in der Parallelperspektive in wahrer Länge abbilden wird.[3] Nach 3, Abb. 2, ist die Verkürzung durch die Neigung der Kante (Zonenachse) gegen die Zeichenebene bestimmt. Diese Winkelneigung ist aus der Projektion leicht abzulesen. Die Neigung der zur Zone AA' gehörigen

---

[1] Im Kopfbild (vgl. **3** bis **8**) fallen die beiden Punkte W und O zusammen, daher ist dort die Lage des Nullmeridians *unbestimmt*, bzw. muß willkürlich angenommen werden, z. B. Zone [100—001].

[2] Vgl. R. PARKER, Schweizer Min.-petr. Mitt. **9**, H. 2 (1929).

[3] Das geschieht nur dann, wenn die Kante in der Zeichenebene liegt, also der zugehörige Zonenpol in der zyklographischen Projektion der Zeichenebene.

Achse OP gegen die Zeichenebene (SS') ist komplementär zu dem Winkel zwischen den beiden „Zonen"-Ebenen AA' und SS', bzw. zu den beiden Zonenachsenrichtungen OP—OW. $\sphericalangle \beta = (90 - \sphericalangle P'OW')$ (Abb. 11).

Dieser Winkel ist aber leicht zu ermitteln. Man beachte, daß alle Punkte der zyklographischen Projektion der Zeichenebene (SS') von W um 90° abstehen, also auch der Punkt B. Ebenso sind alle Punkte des Zonenkreises AA', darunter auch wieder der Punkt B, von dem Zonenpol P um 90° entfernt. Der Punkt B steht demnach von P und W um 90° ab, d. h. B ist der Pol für den durch P und W gelegten Großkreis (Zonenkreis). Um den Abstand der beiden Pole zu bestimmen, ist es also nur nötig, von B aus durch P und W Gerade bis in den Grundkreis zu führen, wodurch in diesem der Winkel $(90-\beta)$ bestimmt ist.

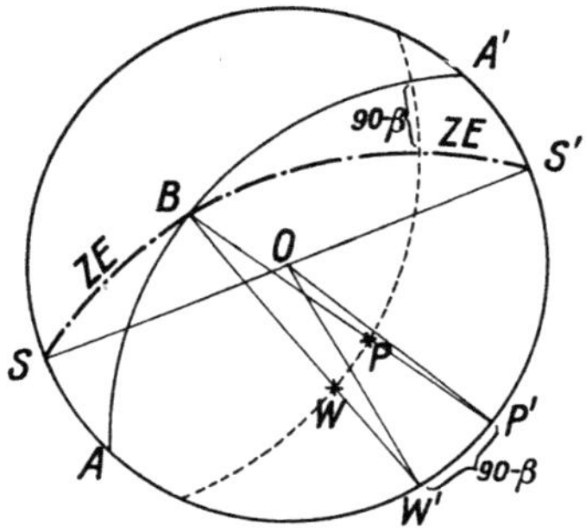

Abb. 11. Bestimmung des Winkels der Verkürzung für eine Zone aus der stereographischen Projektion.

Bei Verwendung des WULFFschen Netzes legt man einen der Meridiankreise des Netzes durch die Punkte P und W und liest auf diesem die Winkelentfernung der beiden ab. Das Komplement dazu gibt den Winkel β.

Für alle Kanten einer Zone gilt natürlich der gleiche Winkel β. Doch ändert sich das Verkürzungsmaß bei jeder neuen Zone. Wenn es also auch nicht schwer ist, für jede gemessene Kante aus der Projektion die entsprechenden verkürzten Längen zu konstruieren, so ist das Verfahren doch recht umständlich, weshalb meist die folgende Zeichenmethode bevorzugt wird.

11. Beziehungen zwischen Kopfbild und schiefem Kristallbild. Da es ziemlich leicht ist, mit den richtigen Verkürzungsmaßen ein naturgetreues Kopfbild zu konstruieren, nützt man zweckmäßig die sehr einfachen Beziehungen zwischen dem Kopfbild und dem gedrehten Kristallbild aus, um auch in diesem die richtigen Kantenlängen zu gewinnen.

Die Grundlagen dieses Verfahrens wurden von V. GOLDSCHMIDT[1] angegeben, allerdings im Hinblick auf die Verwertung der gnomonischen Projektion, doch sind sie für jede parallelperspektivische Behandlung gültig.

In Abb. 12 sei ein Kristallkopf durch $ABCDO$ gegeben. $A_1B_1C_1D_1O_1$ stellt das zugehörige *Kopfbild* dar, die Ebene E_1 ist normal zur Vertikalrichtung OO_1, bzw. zu den durch die Ecken A bis D gehenden Vertikalkanten. $A_2B_2C_2D_2O_2$ ist das auf die zu E_1 geneigte Ebene E_2 orthogonal projizierte „schiefe Bild" dieses Kristallkopfes (OO_2 usw. normal zu E_2).

[1] Vgl. hierzu die ausführliche Behandlung in H. E. BOEKES: Die gnomonische Projektion ... Berlin: Bornträger. 1913.

Da OO_1 normal zu E_1 ist und OO_2 normal zu E_2, so muß die durch OO_1O_2 festgelegte Ebene zu E_1 und E_2, bzw. zum Schnitt dieser beiden (SS') normal stehen (O_1O^* und $O_2O^* \perp SS'$).

12. So sind sämtliche Ecken (Punkte) des Kristalls im Kopfbild und im schiefen Bild durch Ebenen verbunden, die alle auf E_1 und E_2, bzw. SS' senkrecht stehen und zueinander parallel laufen. In diesen Ebenen müssen sich beim Rollen um die Ebenenspur SS' sämtliche Eckpunkte bewegen. Die zwischen ihnen automatisch sich begrenzenden Kanten erscheinen in wahrer Größe, wenn die Kanten parallel zu E_1 (im Kopfbild) oder E_2 (im schiefen Bild) liegen, und verkürzen sich zu einem Punkt, wenn sie zu den bezüglichen Ebenen senkrecht verlaufen.

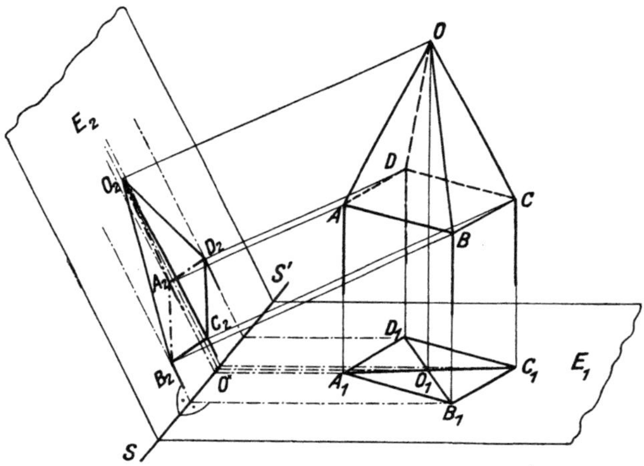

Abb. 12. Zusammenhang zwischen Kristall, Kopfbild und schiefem Bild (z. T. nach BOEKE).

Denkt man sich nun E_2 in die Ebene E_1 zurückgeklappt, so sieht man, daß das Kopfbild und das schiefe Bild Ecke für Ecke durch Ordner verbunden sind, die zur Schnittlinie SS' (Spur von E_2 in E_1) senkrecht stehen. Gleichzeitig erkennt man, daß die Vertikalkanten ihrer Richtung nach mit jener der Ordner zusammenfallen. Da aber SS' der Durchmesser der zyklographischen Projektion der Zeichenebene ist (vgl. Abb. 10), so sind diese Ordner auch parallel mit der Richtung OW. Durch das *Azimut des Winkelpunktes* ist also für alle Bilder die jeweilige *Vertikalrichtung* festgelegt (vgl. hierzu Abb. 31).

13. Praktische Konstruktion eines „schiefen Bildes“. Zur Anfertigung eines kantengetreuen schiefen Bildes verfährt man also folgendermaßen: 1. Konstruktion eines kantentreuen Kopfbildes, 2. Wahl der Zeichenebene für das „schiefe Bild“, 3. Ziehen der Ordner (gleichzeitig Vertikalkantenrichtung) parallel zu OW' ($\perp SS'$) durch jeden Eckpunkt des Kopfbildes, 4. Konstruktion der Kantenrichtungen des schiefen Bildes nach **9**. Diese begrenzen sich zwischen den zugehörigen Ordnern von selbst in der ihrer Neigung zur Zeichenebene entsprechenden Verkürzung.

Einzig ausgenommen hiervon sind die Vertikalkanten, die ja im Kopfbild nur als Punkte erscheinen. Für diese muß mit dem Winkel $\beta = (90 - \sphericalangle O W)$ die gemessene Kantenlänge auf das notwendige Maß verkürzt werden.

Wenn sich die Kantenrichtungen und Ordner unter sehr kleinen Winkeln schneiden, also „Schleifschnitte" liefern, ist die genaue Abgrenzung der Kanten durch die bezüglichen Ordner oft nicht leicht. In diesem Falle kann durch Einzelbestimmung der Verkürzung die richtige Länge nachgeprüft werden. Falls man es mit einem idealisierten Bilde zu tun hat, helfen die Symmetrierichtungen weitestgehend. So kann man z. B. an einem monoklinen Kristalle vermittels der y-Richtung, d. h. mit der Kante (100—001) leicht die links und rechts symmetrisch gelegenen Punkte in Beziehung bringen, denn diese müssen auf der *gleichen* Linie parallel y liegen.

14. Praktische Zeichenregeln. Nach STÖBER (vgl. das Vorwort) sind bezüglich der Wahl der Zeichenebene gewisse Regeln zu beachten.

1. Die zyklographische Projektion der Zeichenebene (SS') soll nicht durch wichtige Flächenpole gehen oder nahe an diesen vorbeiführen, da sonst diese Flächen zu Geraden entarten oder zu sehr verkürzt werden.

2. Ebenso ist zu vermeiden, SS' durch den Schnitt zweier Zonen zu führen, da dann beide Zonen in der Umklappung die gleiche Tangente besitzen, d. h. scheinbar die gleiche Kantenrichtung haben. Das könnte irreführend wirken.

Alle Flächen, deren Pole *vor* der zyklographischen Projektion der Zeichenebene, also auf der gleichen Seite wie der Winkelpunkt liegen, sind in dem „schiefen" Kristallbild „*sichtbar*", alle dahinterliegenden „unsichtbar". Das gilt auch bei Vervollständigung der Projektion mit Unterseitenpolen außerhalb des Grundkreises. Daher erscheinen die auf der Oberseite „unsichtbaren" Flächen im Bilde dann auf der Unterseite als „sichtbar" und umgekehrt. Bei Anfertigung der Bilder ist auf diese Erscheinung sorgfältig zu achten.[1]

---

[1] Für das Zeichnen der *Unterseite* des Kristalls im schiefen Bilde lassen sich zwei Arbeitsweisen verwenden.

a) Man trägt in die stereographische Projektion die parallelen *Gegenflächen* zu den Unterseitenflächen (außerhalb des Grundkreises) ein und verfährt im übrigen nach **9** bis **13**, indem man die zu diesen Gegenflächen führenden Zonenkreise aufsucht und deren Schnitte mit der Zeichenebene aus W in den Grundkreis überführt.

b) Man kann auch innerhalb des Grundkreises die Pole der Unterseitenflächen aus dem N-Pol projizieren (vgl. **5**), muß aber für diese Flächen und deren Zonen dann *auch* den *Winkelpunkt* und die *zyklographische Projektion der Zeichenebene* in der gleichen Weise aus N konstruieren. Diese Doppel-

Um recht übersichtliche und doch recht „natürlich“ wirkende Bilder zu erhalten, wählt man meist eine Blickrichtung, die in den rechten, vorderen, oberen Oktanten fällt. Der Kristall wird dazu aus der Normalstellung ein wenig nach links gedreht und schwach nach vorne geneigt. Der „Winkelpunkt“ wird also zweckmäßig etwa um 10° bis 20° von der x-Richtung nach rechts verlegt und um ebensoviel vom Grundkreis dem Mittelpunkt genähert. Allzu kräftige Annäherung von W an O nimmt den Bildern den körperlichen Eindruck, die Verzerrung wirkt unangenehm. Da ist oft ein einfaches Kopfbild ($W = O$) günstiger.

Im übrigen ist die Projektionsrichtung in keiner Weise gebunden und wird den besonderen Aufgaben entsprechend zu wählen sein. So genügt es vielfach bei triklinen Kristallen, diese nur ein wenig um die Vertikalrichtung zu drehen, also W in oder nahe dem Grundkreis anzunehmen, da die mehr oder minder kräftige Neigung der (001)-Fläche nach vorne schon genügend gute „Draufsicht“ gewährt.

15. Aufrißbilder. Auch ein vollkommen kantenrichtiges Kopfbild gibt noch immer keine Vorstellung von der Tracht des Kristalls, denn bei einem langsäuligen und einem flach-scheibenförmigen Kristall können gleichwohl die Kopfbilder ganz gleich aussehen (z. B. öfters bei Turmalinen). Es ist also gerade für Darstellung von Trachten unerläßlich, neben dem Kopfbild auch noch eine seitliche Ansicht zu geben. Da aber in dem „schiefen“ Bild praktisch *keine* Kante ohne Verzerrung bleibt, es aber vorteilhaft ist, wenigstens die Vertikalrichtung unverkürzt aus dem Bilde entnehmen zu können, so erscheint neben dem Kopfbild (Grundriß) noch ein dazu senkrechter Riß (Aufriß) notwendig. In einem solchen kann man (günstige Wahl der Aufrißebene vorausgesetzt) für alle jene Flächen, deren Normale in die Aufrißebene fallen, also für jene Zone, die der Aufrißebene parallel geht, die zugehörigen Zentraldistanzen unverkürzt aus dem Kristallbild ablesen.

Der Pol einer solchen Aufrißebene liegt im Grundkreis der stereographischen Projektion. In allen Fällen, wo am Kristall eine horizontale Basis vorhanden oder mindestens möglich ist, wo demnach „Durchmesserzonen“ (zum Grundkreis normale Zonen, die zu Durchmessern entarten) vorhanden sind, hängt es ausschließlich von der besonderen Zonen- und Flächenausbildung des Kristalls ab, welche Vertikalfläche man

---

konstruktion der Zeichenebene und des Winkelpunktes läßt sich umgehen, wenn man dem aus dem N-Pol konstruierten *Unterseitenteil* der fraglichen Zone (vgl. **5**) auf die Oberseite verfolgt und *auf der Oberseite den Schnitt mit der zyklographischen Projektion der Zeichenebene* in der geschilderten Weise (**9** bis **13**) weiter behandelt.

Im allgemeinen wird man mit der ersten Methode auskommen. Im Falle polarer Kristallentwicklung hat jedoch die zweite Art gewisse Vorteile. Jedenfalls wird aber damit die manchmal recht lästige Notwendigkeit, die Projektion auch außerhalb des Grundkreises fortzusetzen, vermieden.

als Aufrißebene verwenden will. Man verlegt dann in diesen Pol den Winkelpunkt, die zyklographische Projektion der Zeichenebene ist der zur Flächennormale senkrechte Durchmesser und im übrigen verläuft die Konstruktion unter Ausnützung des Kopfbildes genau in der vorbeschriebenen Weise (**11** bis **13**). In vielen Fällen wird man (100), bzw. (10$\bar{1}$0) als Aufrißfläche verwenden, manchmal erscheint entsprechend der Flächenentwicklung wieder (110) günstiger dafür[1] (Abb. 13).

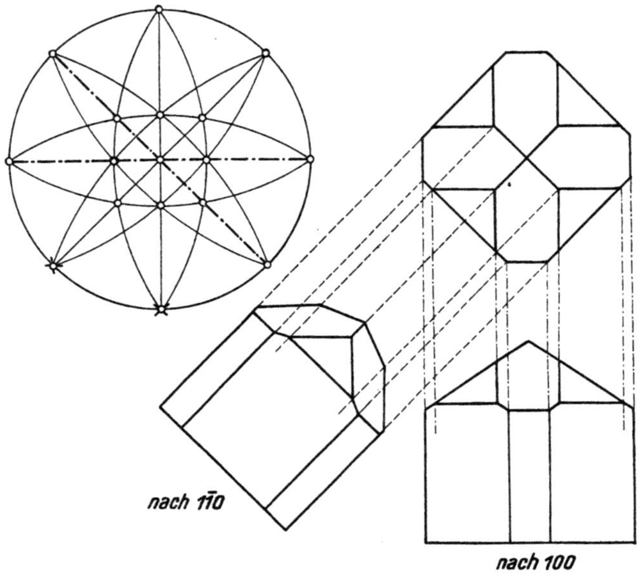

Abb. 13. Zinnstein: Aufrißbilder nach 100 und 1$\bar{1}$0. Zeichenebenen in der Projektion strichpunktiert.

Schwieriger liegen die Verhältnisse im *monoklinen* und *triklinen* System. Hier wäre ein Aufriß in der üblichen Lage (parallel 100) nicht sehr aufschlußreich. Da ist es zweckmäßiger, von der (010)-Fläche aus zu projizieren, weil von dieser Seite aus sowohl die monokline wie die trikline Symmetrie sehr charakteristische Ansichten bietet. Bei dieser Wahl dient der von vorne nach hinten ziehende Durchmesser, senkrecht zur Flächennormale der (010), als Zeichenebene. Im monoklinen System erscheinen alle Zentraldistanzen der Zone [100—001] dabei in wahrer Größe. Im triklinen System ist dagegen eine *direkte* Ablesung der Zentraldistanzen auch für diese Zone im (010)-Aufriß nicht mehr möglich.

[1] Im *tesseralen* („isometrischen") System haben Aufrisse kaum eine Bedeutung. Hier lassen sich schon aus dem Kopfbild allein die entsprechenden Zentraldistanzen ablesen.

16. Das Berührungspolyeder im Aufriß.[1] Soll der Aufriß trachtrichtig aus den gemessenen Zentraldistanzen konstruiert werden, so sind ähnliche Überlegungen nötig, wie sie in **6** bis **8** angestellt wurden. Auch hier ist es vorteilhaft, zunächst den Fall des Berührungspolyeders zu behandeln, also jenen Fall, wo die Zentraldistanzen aller Flächen gleich dem Radius der Projektionskugel sind.

Hierzu muß man von einer Zone ausgehen, die senkrecht zu der gewählten Aufrißebene liegt (den Grundkreis ausgenommen). Da auch im triklinen System jede durch eine Grundkreisfläche gehende Zone auf dieser Fläche senkrecht steht, denn sie enthält ja die Flächennormale in sich, so ist auch für diesen ungünstigsten Fall die Auffindung einer dementsprechenden Zone leicht.

Wir greifen auf die Abb. 7 zurück. Die Zone $ABCDA'$ steht senkrecht auf der Fläche A. Wir übertragen die einzelnen Flächenpole dieser Zone aus dem Zonenpol P in den Grundkreis und erhalten die Punkte B', C', $D_{\prime}$. Die Tangenten in diesen Punkten (und natürlich auch in A und A') geben die Spuren der Flächen, deren Normalen in den Grundkreis umgeklappt wurden. Ihre gegenseitigen Durchschnitte liefern die Spuren der Schnittkanten (K' zwischen den Flächen B und C, L' zwischen den Flächen C und D).

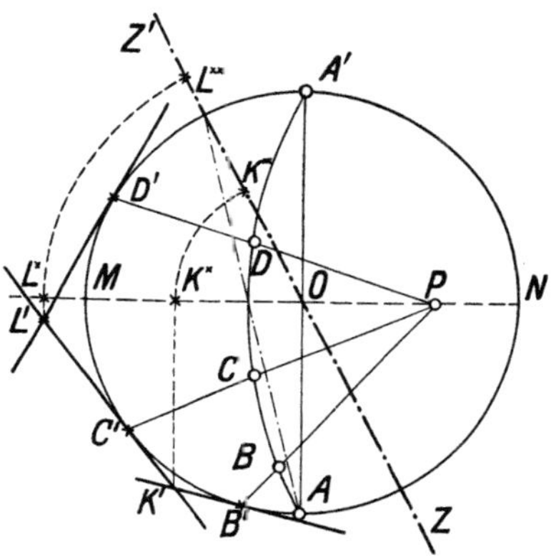

Abb. 14. ZZ' = Zone AA' von A aus gesehen; der Grundkreis erscheint dann in den Durchmesser MN aufgeklappt.

Nun soll aber die Projektionskugel von A aus angesehen werden (Abb. 14). Dann erscheint die Grundkreisebene im Durchmesser MN und die Zone AA' projiziert sich als Durchmesser ZZ'.[2]

In der orthogonalen Abbildung müssen sich bei der Umklappung um den Normaldurchmesser MN die Kantenspuren K' und L' in Bahnen parallel AOA' bewegen und erscheinen darum in der umgeklappten Grundkreisprojektion MN in den Punkten K^* und L^*. Es gilt jetzt nur, die in den Grundkreis umgeklappte Zone ($AA' = ZZ'$) mit den ermittelten Kantenspuren in die alte Lage *zurückzudrehen*. Von A aus gesehen beschreiben dabei die Kantenspuren einfache konzentrische Kreisbahnen um O und gelangen so in die Endlagen K^{**} und L^{**}. Durch diese Punkte müssen nun senkrecht zu der Zonenebene ZOZ' ($= ABCDA'$) die Kanten des Aufrißbildes hindurchgehen.

---

[1] Vgl. hierzu Ztschr. f. Krist. (A), **88**, 460 (1934).

[2] Das entspricht einer Umklappung um den zu AO normalen Durchmesser MN. Die Winkelneigung der Zone AA' ist in der Lage ZZ' nach bekannten Regeln leicht zu ermitteln.

17. Durchführung der Konstruktion. Nachdem in der stereographischen Projektion in der eben beschriebenen Weise die Kantenspuren (K^{**}, L^{**} usw.) für den Aufriß bestimmt sind, legt man parallel zu der Aufrißebene A (Tangente) neben das *Kopfbild* eine Gerade (MN) und zieht parallel dem Zonendurchmesser AOA' Ordner durch alle Eckpunkte

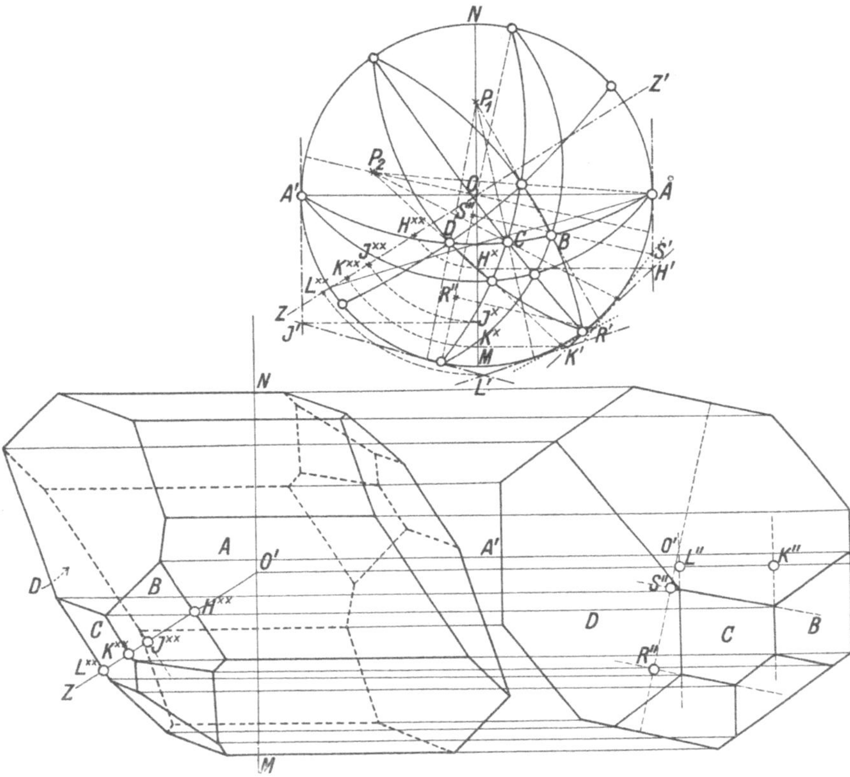

Abb. 15. Trikline Kombination: Aufrißkonstruktion des Berührungspolyeders. Gestrichelt = Grundrißprojektion einer Zone. Strichpunktiert = Aufrißprojektion der Zone A—A' (vgl. Abb. 8).

des Kopfbildes. Der Ordner aus dem geometrischen Mittelpunkt des Kopfbildes schneidet die Parallele zu A in O' und legt so den Mittelpunkt des Aufrisses fest. Von hier aus wird eine Parallele zu ZOZ' gezogen und auf dieser die Strecken OK^{**} und OL^{**} usw. abgetragen. Durch die so erhaltenen Punkte K^{**} und L^{**} zieht man Normale zu ZOZ', wodurch die Kanten K und L ihrer Lage nach im Aufriß richtig festgelegt sind. Die Begrenzung dieser Kanten erfolgt durch Vermittlung der von den entsprechenden Grenzpunkten des Kopfbildes gezogenen Ordner (Abb. 15).

Sind in dieser Art einmal einige Punkte im Aufriß bestimmt, dann erfolgt die weitere Konstruktion genau nach den in **11** bis **13** angegebenen Methoden. Dabei dient MON als zyklographische Projektion der Zeichenebene und A als Winkelpunkt.

18. Der Aufriß aus gemessenen Zentraldistanzen. Hier ist das in **17** Gesagte nur in sinngemäßer Anwendung zu vervollständigen. Wie in **8**

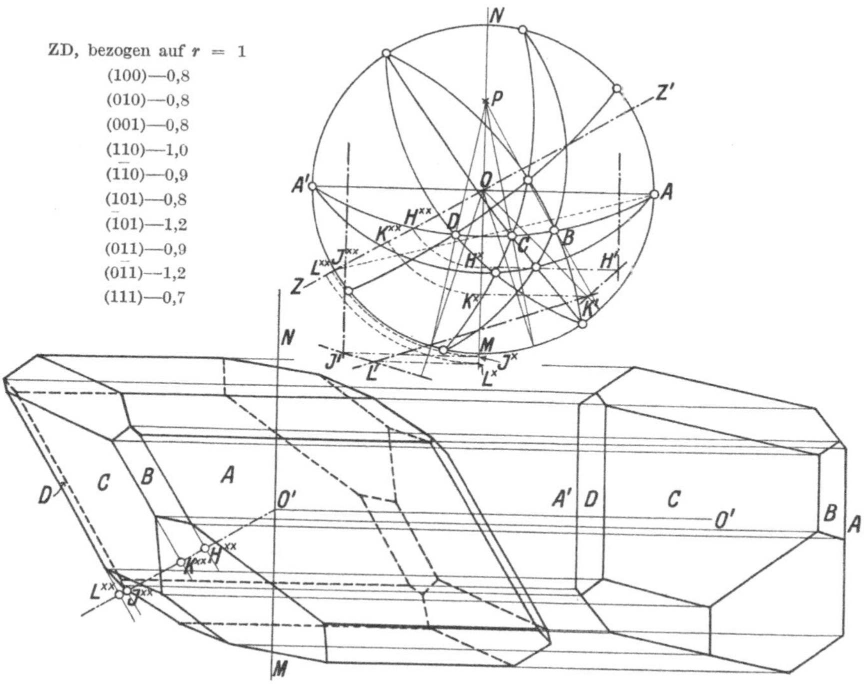

Abb. 16. Konstruktion der Risse der gleichen Kombination aus *gegebenen* Zentraldistanzen. Strichpunktiert die Aufrißkonstruktion der Zone A—A' (vgl. Abb. 9).

dargetan wurde, sind in der in den Grundkreis umgelegten Zone $ABCDA'$ auf den zugehörigen Flächennormalen (Radien) die *gemessenen* Zentraldistanzen aufzutragen und in den so erhaltenen Endpunkten Normale zu den Radien zu errichten, wodurch die Flächenspuren in der trachtrichtigen Lage festgelegt sind. Die Schnitte dieser Flächenspuren geben die Kantenspuren K', L' usw. Durch Parallele zum Zonendurchmesser AOA' werden diese Punkte in den Normaldurchmesser MON nach K^*, L^* überführt und von dort in den Aufriß der Zone $AOA'=ZOZ'$ hineingedreht (K^{**}, L^{**}).

Sodann wird wieder neben dem Grundriß (Kopfbild) die Spur der Ebene A gelegt, werden die Ordner senkrecht dazu durch jeden Eckpunkt des Kopfbildes gezogen, die Zonenlage ZOZ' übertragen und darauf die Werte OK^{**} und OL^{**} aufgetragen und die Zeichnung in der mehrfach beschriebenen Weise vollendet (Abb. 16).

19. Zonenschnitte. Bei aufsitzenden Kristallen oder bei besonders kleinen Flächen ist man oft darauf angewiesen, bei Trachtmessungen die Zentraldistanzen erst auf dem Umwege über Kantenlängen, Flächenbreiten und -längen und ähnlichen Behelfen konstruktiv zu ermitteln. Hierzu sind winkelrichtige Zonenschnitte durch den „Keimpunkt“ notwendig, deren Anfertigung nach dem Bisherigen sehr einfach ist.

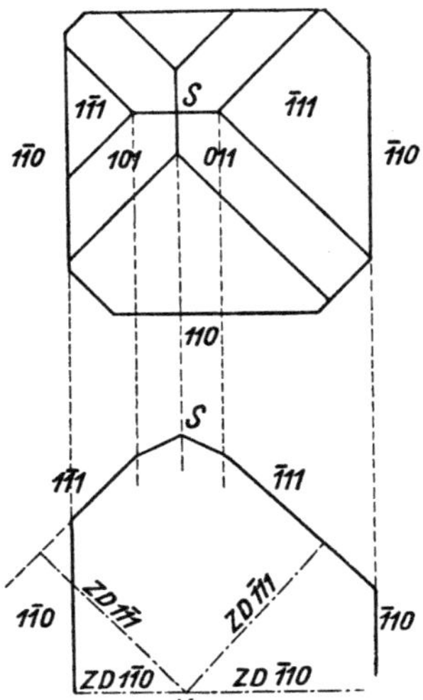

Abb. 17. Verzerrte Zinnsteinkombination, Zonenschnitt nach 110. (Der Keimpunkt K liegt vertikal unter der Spitze S.)

Man verwendet hierzu den Pol der gewünschten Zone als Winkelpunkt und die Zone selbst als zyklographische Projektion der Zeichenebene. Für die in der Zone liegenden Flächen sind die Richtungen der Flächenspuren nach Umlegung der Zone in den Grundkreis (durch Vermittlung des Zonenpoles) durch die Tangenten in den betreffenden Punkten gegeben.

Vom Kristall müssen nun die Längsschnitte (Durchschnitte) der Zone mit den einzelnen Flächen bekannt sein. Diese Einzellängen, in den richtigen Spurlagen der Flächen aneinandergefügt, müssen den Zonenschnitt des Kristalls geben. Die Normalen auf die einzelnen Spuren, vom Keimpunkt (K) aus gefällt, liefern die gesuchten Zentraldistanzen.

Wenn sich in den Zonenschnitt neben Flächenlängen (bzw. -breiten) auch noch Kantenlängen einfügen, so bedeutet das keine Schwierigkeit. Man kann ja jede Kante als „virtuelle“ Fläche deuten, als Fläche, deren Breite Null ist und deren Länge mit der Kantenlänge in dieser Richtung übereinstimmt. Im Zonenschnitt erhält man die Lage der Kante, wenn man den Schnitt jener Zone, deren Zonenachse der Kante entspricht, mit der „Zeichenebene“ (Schnittzone) aufsucht, in den Grundkreis verlegt und die Tangente dazu ermittelt.

In beistehender Abb. 17 kann man im Kopfbild erkennen, daß an der sehr einfachen, aber verzerrten Zinnsteinkombination der Schnitt nach (110) an der Spitze nicht durch Flächen, sondern durch Kanten geschlossen wird. Die Lage dieser Kanten im Schnitt ergibt sich aus der Zone $[101—0\bar{1}1]$, bzw. $[011—\bar{1}01]$. Vgl. den zugehörigen Zonenschnitt.

20. Die Konstruktion von Kristallnetzen. Nicht selten ergibt sich die Aufgabe, von einem Kristall ein naturgetreues Modell anzufertigen, oder noch häufiger, die Idealform eines Trachttypus räumlich darzustellen. Hierzu bedarf es der Anfertigung eines entsprechenden Kristallnetzes.

Nach den vorhergegangenen Auseinandersetzungen bleibt in der zeichnerischen Darstellung eine Fläche nur dann in ihrer Größe und Umgrenzung *unverzerrt* („in wahrer Größe"), wenn die Zeichenebene mit der Fläche zusammenfällt, bzw. zu ihr parallel läuft. Da im Kristallnetz *alle* Flächen unverzerrt zur Darstellung kommen müssen, ist die Lösung dadurch gegeben, daß man *der Reihe nach jede Fläche zur Zeichenebene macht.*

Je höher die Kristallsymmetrie ist, desto einfacher wird die Konstruktion, weil die mehrfache deckbar gleiche oder symmetrische Wiederholung der Flächen die Zahl der notwendigen Konstruktionen sehr herabdrückt.

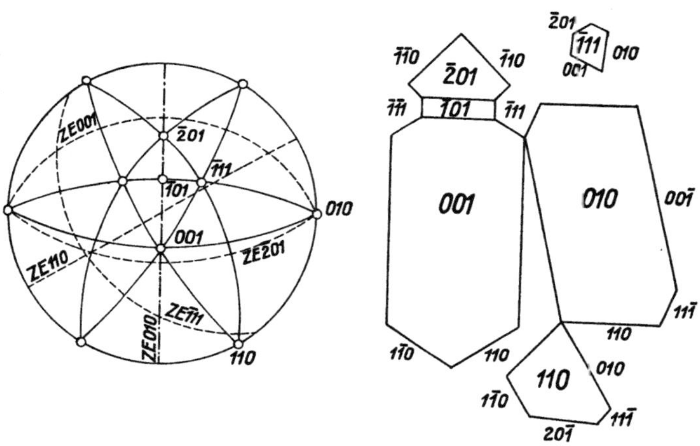

Abb. 18. Konstruktion des Netzes für eine einfache *Orthoklas*-Kombination.

21. Zwecks Durchführung der Konstruktion wird von jeder in wahrer Größe zu zeichnenden Fläche die zyklographische Projektion in der stereographischen Projektion eingezeichnet, d. h. der zum Flächenpol gehörige Großkreis. Dann sind alle Zonen, die durch die zu zeichnende Fläche und ihre Nachbarn gegeben sind, bis zum Durchschnitt mit der zyklographischen Projektion zu verfolgen und durch Vermittlung des *Flächenpols als Winkelpunkt* in den Grundkreis zu übertragen. Die Tangenten in diesen Punkten geben die richtigen, unverzerrten Kantenlagen.[1]

Man geht nun von einer gemessenen Kantenlänge aus und fügt, allmählich von Ecke zu Ecke fortschreitend, in den richtigen Lagen die anderen Kantenlängen an, bis sich die Fläche schließt. Bei Netzen von Modellkristallen bietet die Symmetrie vielfache Kontrollen und Erleichterungen (Abb. 18).

[1] Es ist vorteilhaft, bei der Zeichnung die Indizes der gezeichneten Fläche und bei den Umrißkanten jene der daranschließenden Nachbarflächen einzutragen, um Auslassungen und Verwechslungen zu vermeiden.

Da jede Fläche ihre eigene Zeichenebene ist, kann das Zusammenfügen der einzelnen Flächen zum vollständigen Netz erst nachträglich erfolgen. Nur die Flächen einer *Durchmesserzone* lassen sich schon in der Konstruktion aneinanderhängen und auch diese nur mit den Kanten parallel zur Basis. Im übrigen muß jede Fläche abgesondert für sich selbst behandelt werden. Dabei ist sorgfältig darauf zu achten, daß die richtigen Kantenlängen verwendet werden, um das Aneinanderfügen dann auch klaglos zu ermöglichen. Es ist vorteilhaft, sich vorher ein kantengetreues Kopfbild anzufertigen, um bei jeder Fläche über die Reihe der Begrenzungskanten und daranschließenden Flächen im klaren zu sein.

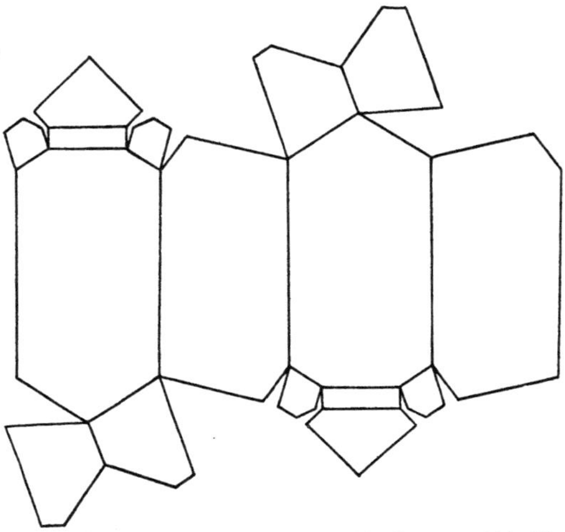

Abb. 19. Netz der Orthoklas-Kombination von Abb. 18.

Sind alle einzelnen, am Kristall auftretenden Flächenarten konstruiert, dann wird man durch Vermittlung von Pausen (in Normallage oder durch Umkehrung der Pause in symmetrischer Lage) der Flächenverteilung entsprechend das gesamte Netz zusammenfügen (Abb. 19).

In den wohl sehr seltenen Fällen, wo man ein naturgetreues Modell eines verzerrten Kristalls herstellen will, muß natürlich für *jede* Einzelfläche gesondert die Konstruktion ausgeführt werden.

Bilder von Zwillingskristallen.

22. Die Zwillingsgesetze. Zur genauen Beschreibung der Zwillingsformen werden zumeist drei „Zwillingsgesetze" verwendet.[1] 1. *Zwillingsebenengesetz* (TSCHERMAKS „Flächennormalgesetz"), wonach eine Kristallfläche als Symmetrieebene für die beiden Zwillingsteile dient (Beispiel: Albitzwilling), 2. *Zwillingsachsengesetz* (TSCHERMAKS „Zonenachsengesetz"), wonach der Zwillingsteil durch 180grädige Drehung um eine Zonenachse aus dem Hauptteil gewonnen wird (Beispiel: Karlsbader Zwilling, Periklinzwilling), 3. *Kantennormalgesetz*, wobei die Zwillingsachse in einer Kristallebene und normal zu einer Kante derselben liegt, oder (zeichnerisch bequemer) anders ausgedrückt: wobei die Zwillings-

[1] Eine vierte Formulierung, das „Mediangesetz", ist bisher nur von einem einzigen Fall (Hydrargillit) bekannt und wird einigermaßen angefochten.

ebene normal zu einer Kristallfläche und parallel zu einer Kante derselben liegt (Beispiel: Glimmerzwilling).

In der Abb. 20 sind für die monokline Symmetrie die für das dritte Gesetz geltenden Verhältnisse dargestellt. Alle zur Fläche P normalen Flächen müssen ihre Pole auf dem Großkreis (P) liegen haben, für den P der Zonenpol ist. Folglich ist auch der Pol der angenommenen Zwillingsebene in diesem Großkreis zu suchen. Gleichzeitig soll die Zwillingsebene parallel der Kante PM sein, muß also der gleichen, durch P und M gehenden Zone angehören. Die wirkliche Lage der (nicht kristallonomischen!) Zwillingsebene ist daher durch den Flächenpol Z gegeben und ZwE ist die zugehörige zyklographische Projektion.

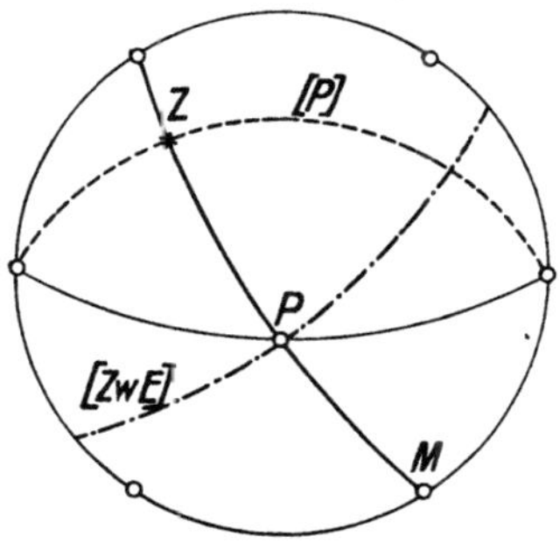

Abb. 20. Beziehungen der Zwillingselemente für das „Kantennormalgesetz".

23. In allen Fällen dienen zur Beschreibung „*Zwillingsebene*" und „*Zwillingsachse*", die *aufeinander senkrecht* stehen, wie Fläche und Flächennormale, so daß mit dem einen Zwillingselement auch gleichzeitig das andere gegeben ist. In der stereographischen Projektion fallen beide Zwillingselemente zusammen, da der Pol einer Zone (Zwillingsachse) gleichzeitig auch Flächenpol für jene Fläche ist (Zwillingsebene), deren zyklographische Projektion durch den Zonenkreis gegeben ist. Es ist nur Sache der Anschaulichkeit, ob man bei Beschreibung einer Zwillingsbildung das eine oder das andere Element bevorzugt. Dabei kommen in der weitaus überwiegenden Zahl der Fälle nur die ersten beiden Gesetze in Frage.

Die zeichnerische Darstellung von Zwillingskristallen erfolgt natürlich nach den gleichen Methoden, wie sie bisher geschildert wurden, was aber eine genaue stereographische Projektion des Zwillings voraussetzt. Darum sei zunächst die Zwillingsergänzung der stereographischen Kristallprojektion besprochen.

24. Zwillingsprojektion von Sonderfällen. Zunächst seien zwei einfache Fälle behandelt.

a) *Zwillingsachse im Projektionsmittelpunkt* (Zwillingsebene parallel dem Grundkreis). Beispiel: Karlsbader Orthoklaszwilling (Abb. 21), Kalkspatzwilling nach der Basis usw. Man erhält die Zwillingslage jedes einzelnen Flächenpols aus der Hauptprojektion durch Drehung um 180° um den in der Projektionsmitte austretenden Zwillingsachsenpol. Die Zwillingspole liegen also in bezug auf die Projektionsmitte zentrisch-symmetrisch zu den Polen des Hauptkristalles. Zweckmäßigerweise wird man die Pole der beiden Zwillingsanteile durch verschiedene Zeichen auseinanderhalten.

b) *Der Pol der Zwillingsachse (und -ebene) liegt im Grundkreis.* Beispiel: Albitzwilling (Abb. 22), Aragonitzwilling usw. Hierbei ist es notwendig, auch noch die zyklographische Projektion der Zeichenebene, also den zu dem gegebenen Pole gehörigen Großkreis (hier in Form eines Durchmessers) einzutragen. Diese Durchmesserzone dient nun einfach als Spiegelebene und gestattet in allereinfachster Weise die spiegelige Übertragung jedes einzelnen Flächenpoles des Hauptkristalls auf die andere Seite der Zwillingsebene in die Zwillingsstellung.[1]

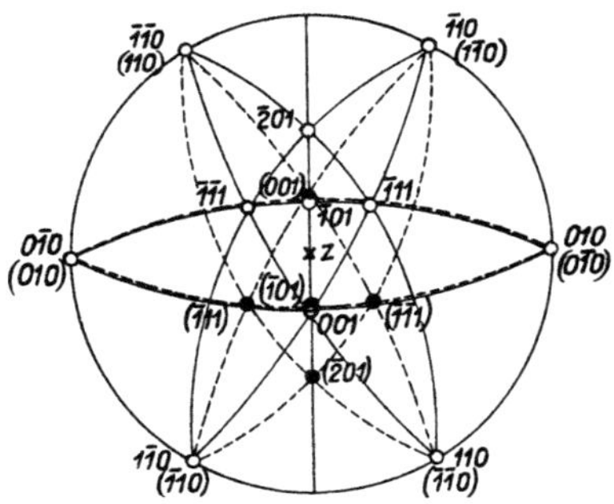

Abb. 21. Orthoklas, Karlsbader Zwilling. Die Flächen des Zwillingsteiles sind durch volle Scheibchen bzw. eingeklammerte Indizes bezeichnet.

25. c) *Zwillingsachse (und -ebene) geneigt zum Grundkreis.* Es wäre möglich, durch Umzeichnen (etwa mit Hilfe des Wulffschen Netzes) die Projektion des Hauptkristalls in eine der beiden vorhin beschriebenen Lagen *a* und *b* zu bringen und nach einem der beiden Verfahren weiter zu behandeln. Die Umständlichkeit dieser Methode läßt es zweckmäßiger erscheinen, die Projektion des Zwillingsteiles *ohne* Umzeichnung durchzuführen.[2]

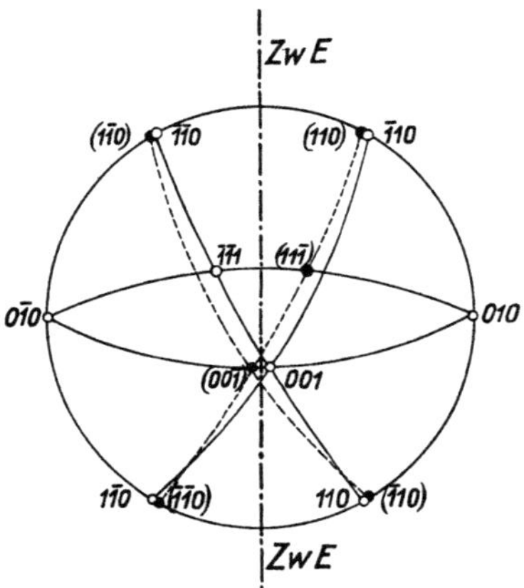

Abb. 22. Albitzwilling, Zwillingsebene 010. Flächen des Zwillingsteiles durch schwarze Scheibchen und eingeklammerte Indizes gekennzeichnet.

Hierzu bedarf man wieder der zyklographischen Projektion der Zwillingsebene. Die einzelnen Flächen des Hauptteiles sollen symmetrisch zu dieser Ebene in den Zwillingsteil übertragen werden.

Es sei A in Abb. 23 der Zwillingsachsenpol, $Zw\,E$ die zyklographische Projektion der Zwillingsebene, P ein beliebiger Flächenpol, der in Zwillingsstellung zu übertragen ist. Da jeder durch A und dessen Gegenpol A' hindurchgelegte Zonenkreis auf der Zwillingsebene senkrecht steht, demnach auch AP normal zu $Zw\,E$ ist, muß auch der spiegelbildlich zu $Zw\,E$ gelegene Pol des Zwillingsteiles P' auf dem *gleichen*, durch A, P und A'

[1] Im Falle polarer Achsen, wo sich der Zwilling nicht durch Spiegelung, sondern nur durch Drehung deuten ließe, müßte allerdings zu der jeweiligen Spiegellage noch der zentrisch-symmetrische Gegenpol bestimmt werden. In der Praxis kommt dies kaum vor.

[2] Vgl. hierzu Ztschr. f. Krist. 77, 499 (1931).

gehenden Großkreis, und zwar in der gleichen Winkelentfernung zu *Zw E*, liegen. Zur Winkelübertragung ist der Pol der Zone *A P A'* erforderlich. Dieser muß jedenfalls in *Zw E* liegen, da jeder Punkt der Zwillingsebene um 90° von *A* absteht. Gleichzeitig muß er aber um 90° von dem Durchschnitt zwischen *A P A'* und *Zw E* in 1 entfernt sein. Es ist also auf dem Großkreis *Zw E* durch Vermittlung des Pols *A* von 1 aus ein Abstand von 90° abzutragen.

Man verbindet *A* mit 1 bis in den Grundkreis, geht dort um 90° (um einen Quadranten) weiter und führt geradlinig auf *A* zurück. Der

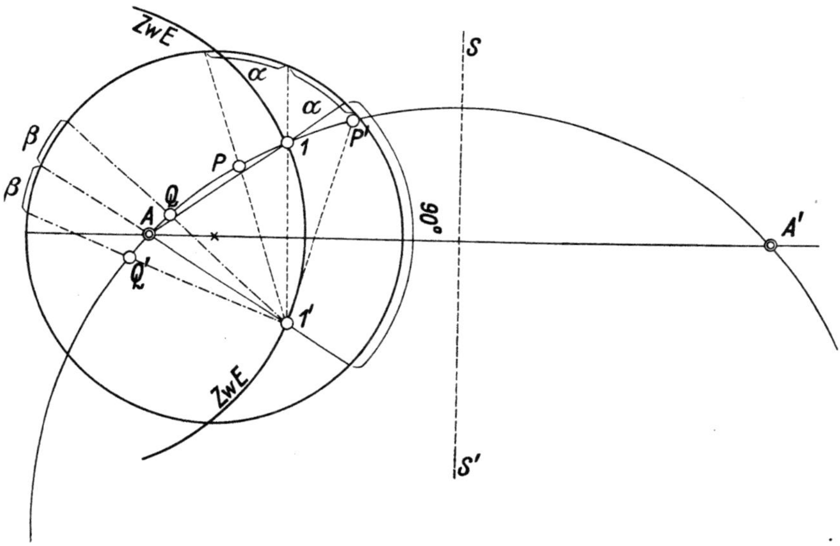

Abb. 23. Konstruktion von Zwillingspolen in der stereographischen Projektion.

so auf *Zw E* gewonnene Punkt 1' ist der gesuchte Zonenpol für *A P A'*. Durch dessen Vermittlung gewinnt man nun im Grundkreis den $\sphericalangle \alpha = \sphericalangle P1$ und durch Übertragung über 1 hinaus und Zurückführung den gleich weit abstehenden Pol *P'*.[1]

26. Es ist also neben *Zw E* noch der Gegenpol der Zwillingsachse (*A'*) erforderlich. Damit rückt ein Teil der Projektion des Zwillingskristalls über den Grundkreis hinaus, was im Interesse der Anschaulichkeit und Deutlichkeit sogar recht günstig ist. Man hat nur für ein entsprechend größeres Zeichenblatt zu sorgen.

Da zwecks Gewinnung der Spiegelpole (z. B. *P'*) jeder Pol des Hauptkristalls mit *A* bzw. *A'* durch einen Großkreis verbunden werden muß,

[1] Die Verwendung des Wulffschen Netzes gestaltet natürlich das Aufsuchen des von 1 um 90° abstehenden Punktes der Zwillingsebene sehr viel einfacher.

gilt es, eine entsprechende Reihe von Kreisen zu konstruieren, die alle durch die gemeinsame Sehne AA' gehen. Deren Mittelpunkte müssen daher auf der Sehnensymmetrale SS' liegen und sind meist durch einfaches Ausprobieren bezüglich der drei Punkte APA' leicht zu gewinnen. Vielfach liegen mehrere Flächenpole auf dem gleichen Großkreis durch A und A', so daß die Zahl der notwendigen Großkreiskonstruktionen und der dazugehörigen Zonenpole (1′, 2′, . . .) nicht so groß und umständ-

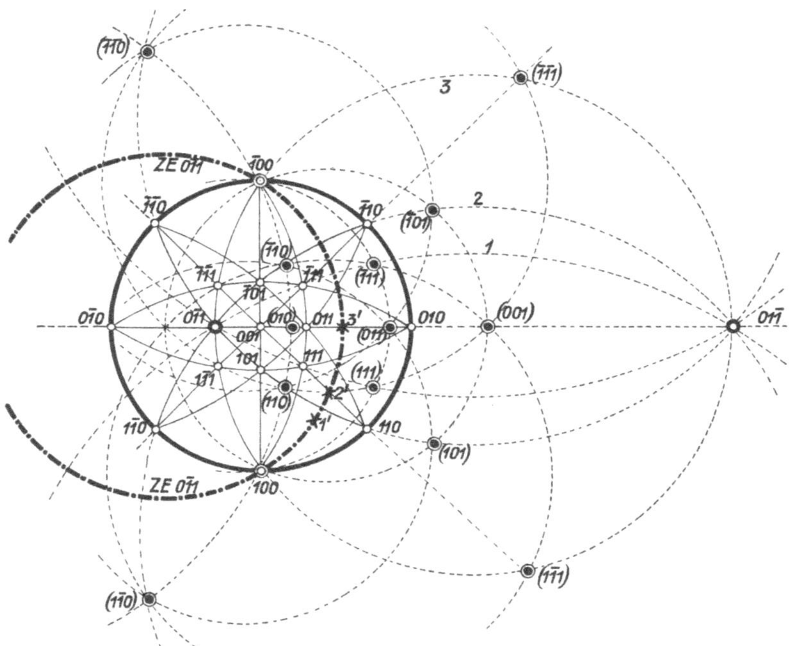

Abb. 24. **Zinnstein: Zwillingsprojektion nach $0\bar{1}1$. Zwillingsebene strichpunktiert; Zwillingspole = schwarze Scheibchen. Für die Zwillingsflächen sind in Klammer jene Indizes eingetragen, die den symmetrisch gelegenen Flächen des Hauptteiles entsprechen.**

lich wird, als es zunächst scheint. In der Abb. 24, welche die Zwillingsprojektion eines Zinnsteinkristalls mit $(0\bar{1}1)$ als Zwillingsebene darstellt, ist ein Beispiel für eine derartige, ohne Umzeichnung durchgeführte Zwillingsprojektion gegeben.

Handelt es sich um Kristalle ohne Symmetriezentrum, also um die reine Wirkung der Zwillingsachse, dann läßt sich mit der gleichen Konstruktion von 1′ aus der Flächenpol Q über A hinaus nach der anderen Seite in den Zwillingspol Q' überführen (vgl. Abb. 21 und die Anm. 1).

27. Bilder von Zwillingskristallen. Zu den Erörterungen in **3** bis **19** ist nichts grundsätzlich Neues hinzuzufügen. Die parallelperspektivische Abbildung von Zwillingskristallen erfordert keine neuen Methoden, doch mögen einige besondere Winke gegeben werden.

Das Ineinandergreifen der beiden Kristallteile fordert besondere Aufmerksamkeit bezüglich der gegenseitigen Durchschneidung. Daher ist es vorteilhaft, sich für alle Fälle zunächst ein richtiges Kopfbild zu verschaffen. Im Falle a (vgl. 24) haben beide Teile die für ein Kopfbild richtige Stellung, im Falle b muß dies nicht sein, z. B. bei dem Albitzwilling, wobei der Zwillingsteil sich in verkehrter Lage befindet, also die Unterseitenflächen nach oben kommen. Im Falle c ist nur der Hauptteil in der richtigen Stellung, der Zwillingsteil dagegen projektiv verzerrt. Der Ausdruck „Kopfbild" behält also nur im ersten Fall für beide Zwillingsteile seine eigentliche Bedeutung.

Wegen der projektiven Verzerrung des Zwillingsanteiles auch im Kopfbild ist man gezwungen, nicht nur die Bildkantenazimute für alle Kanten in der üblichen Weise zu entwickeln, sondern, besonders für den Zwillingsteil, sich auch noch um den „Verkürzungsfaktor" der einzelnen Kanten (Zonen) zu kümmern (vgl. **10**). So gelingt es auch dann, wenn man es nicht mit einem Idealfall zu tun hat, also die Symmetrie nicht herangezogen werden kann, ein richtiges Kopfbild des Zwillings unter Erhaltung der Normalstellung des Hauptteiles zu zeichnen.

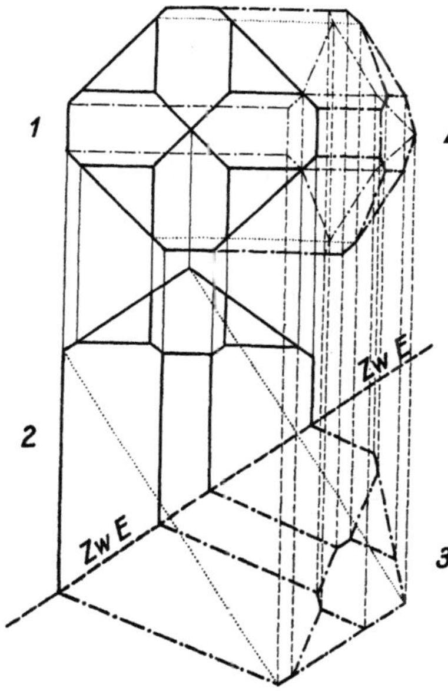

Abb. 25. Zinnstein: Konstruktion des Zwillingsteiles im „Kopfbild". 1 = Kopfbild des Hauptteiles. 2 = Aufriß des Hauptteiles nach der „Frontalebene". 3 = Zwillingsteil im Aufriß als Spiegelbild nach der Zwillingsebene. 4 = Rückführung des Aufrisses in das Kopfbild.

28. Handelt es sich aber um ein idealisiertes, um ein *Typen*bild, dann erleichtert sich auch hier die Konstruktion durch Heranziehung der Symmetriebedingungen ganz wesentlich.

Bezeichnet man die durch beide Hauptachsen des Zwillings gelegte Ebene als *Frontalebene* (die gleichzeitig senkrecht auf der Zwillingsebene steht), so ist sofort erkennbar, daß die Bilder beider Zwillingsteile in dieser Ebene streng symmetrisch zur Spur der Zwillingsebene sein müssen. Man wird also unter Verwendung des Kopfbildes des Hauptteiles vom Pol der Frontalebene aus einen „Aufriß" des Hauptteiles zeichnen (vgl. **15**) und dann symmetrisch zur Spur der Zwillingsebene an diesen den Zwillingsteil als einfaches Spiegelbild anfügen. Das gilt auch im

Falle eines Durchdringungszwillings, nur daß man in diesem Falle die „Spur der Zwillingsebene" durch die Mitte des Aufrisses des Hauptkristalls legt und die beiderseits dieser Ebene liegenden Teile des Hauptkristalls spiegelbildlich auf die jeweilig gegensätzliche Seite überträgt.

Damit ist im *Aufriß* der ideale Zwillingsanteil gegeben, den man in der üblichen Weise wieder in das Kopfbild zurückführt, wobei natürlich nur der Hauptteil in Normalstellung ist, der Zwillingsteil dagegen die mehrfach erwähnte projektive Verzerrung zeigt (Abb. 25).

Hat man auf diesem Wege ein kantenrichtiges Kopfbild des *Gesamtzwillings* gewonnen, so erfolgt die Konstruktion eines „schiefen Bildes" des Zwillingskristalls in der in **9** bis **14** beschriebenen Art.

Verwendbarkeit kantenrichtiger Kristallbilder zu Trachtmessungen.

29. Wie in **6** bis **8** und **15** bis **18** dargetan wurde, lassen sich mit Hilfe der Zentraldistanzen die zugehörigen Trachtbilder von Kristallen in mathematisch eindeutiger Art zeichnen. Bei dieser Eindeutigkeit der gegenseitigen Beziehungen von Trachtmessung und Kristallbild muß auch die *Umkehrung* durchführbar sein, d. h. es muß möglich sein, aus einem kantenrichtig gezeichneten Kristallbild die zugrunde liegenden Verhältnisse der Zentraldistanzen zurückzukonstruieren.

Wenn diese Aufgabe auch nicht allzu häufig gestellt wird, so erscheint es doch zur Vervollständigung der zeichnerischen Möglichkeiten vorteilhaft, auch die Lösung für diese Umkehrung des Problems zu suchen.[1]

Die Frage wird dadurch erschwert, daß wir es in den Kristallbildern nicht mit den Flächenwinkeln, sondern mit den *Kantenwinkeln* zu tun haben. In den allerseltensten Fällen lassen sich aus der Zeichnung Flächenwinkel ablesen und auch da nur in der Grundzone des Kopfbildes oder eines Zonenschnittes. Dagegen sind im Bilde zahlreiche Winkel zwischen einzelnen Kanten gegeben. Es gilt also, diese, die in der parallelperspektivischen Darstellung eine gesetzmäßige Veränderung erfahren müssen, mit den *wahren* Kantenwinkeln in einen mathematisch-eindeutigen Zusammenhang zu bringen.

30. Das allgemeine Dreikantproblem. Wir nehmen eine körperliche Ecke aus drei Flächen, ein sogenanntes *Dreikant* an und projizieren dieses orthogonal auf eine (vierte) Ebene. Die *Kantenwinkel* des Dreikantes α, β und γ projizieren sich dabei in der Bildebene als die Bildkantenwinkel α', β' und γ'. Gesucht ist die Lage des Dreikantes gegenüber der Zeichenebene (Abb. 26).

[1] Die ausführliche Behandlung dieses Problems und die nötigen mathematischen Darlegungen wurden in der Ztschr. f. Krist. **47**, 630 (1910) veröffentlicht.

Die Aufgabe wäre gelöst, wenn man wüßte, unter welchen Neigungswinkeln (φ, χ, ψ) die Flächen des Dreikantes zur Bildebene geneigt sind, wenn man also die Flächenneigung kennte, unter der sich der wahre Winkel α in orthogonaler Projektion in der Größe α' abbildet usw. In unserer bisherigen Darlegungsweise heißt das: Es wird die Lage des Winkelpunktes (Poles der Bildebene!) gegenüber dreien durch die stereographische Projektion gegebenen Flächen gesucht. Leider besteht keine einfache Beziehung zwischen dieser Abbildung von α in α' und der Neigung der Dreikantfläche zur Zeichenebene. Es gibt unendlich viele Lagen der Bildebene, in denen sich der gegebene Winkel α orthogonal als α' projiziert. Die Flächennormalen aller dieser Bildebenen liegen auf dem

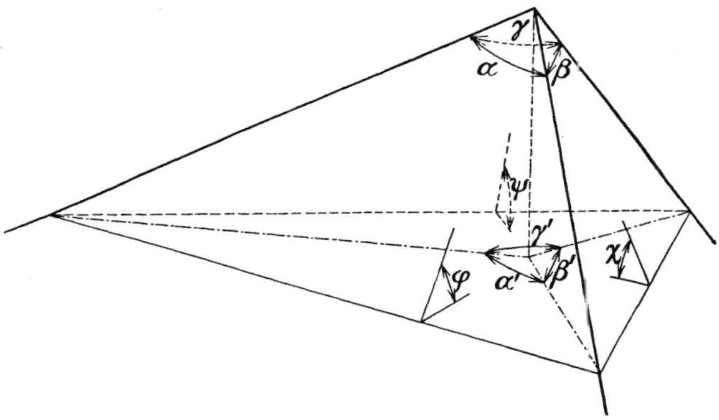

Abb. 26. Räumliche Beziehungen zwischen α, β, γ und α', β', γ' in einem Dreikant.

Mantel eines Kegels vierten Grades, dessen Scheitel sich im Mittelpunkt der Projektionskugel befindet und dessen Achse der Flächennormalen der gegebenen Dreikantfläche entspricht. Die Pole aller dieser Flächenlagen ordnen sich also auf der Projektionskugel rund um den Pol der Dreikantfläche auf einer geschlossenen Doppelkurve.

Kann man nun für jede Dreikantfläche die Kurven jener Flächenpole bestimmen, auf denen sich der *Kanten*winkel α (bzw. β und γ) als α' (bzw. β' und γ') abbildet, so müssen sich die drei Kurven in jenem Punkte schneiden, welcher dem für alle drei Flächen des Dreikantes gültigen Pol der Bildebene („Winkelpunkt") entspricht.

31. Praktische Bestimmung der „Kurve gleichen Projektionswinkels". Wir legen eine Dreikantfläche in die Projektionsebene, d. h. ihr Pol ist im Mittelpunkt der Projektion. Die den Winkel α bildenden beiden Kanten sind durch die beiden Durchmesser AA' und BB' gegeben. In der Abb. 27 beträgt der wahre Kantenwinkel $\alpha = 76^0$. Da die gesuchte Schnittkurve des Kegels vierten Grades mit der Projektionskugel nur punktweise ermittelt werden kann, ist es vorteilhaft, durch AA' in bestimmten Winkelabständen (etwa von 10^0 zu 10^0) Großkreise zu legen und dann jene durch BB' gehenden Großkreise zu suchen, die die ersteren unter dem Winkel α' schneiden, dessen Größe aus dem Projektionsbild des Dreikantes abzulesen ist.

Es sei gleich hier besonders bemerkt, daß zwar alle im folgenden angeführten Konstruktionen mit den für die stereographische Projektion bekannten Arbeitsmethoden lösbar sind, sich aber als sehr langwierig und umständlich erweisen. Daher ist *in diesem besonderen Falle die Verwendung des* WULFF*schen Netzes zur* Zeitersparnis *unerläßlich* und wird im folgenden vorausgesetzt.

Da der Schnittwinkel zweier Großkreise gleich ist dem Winkel zwischen den zugehörigen Polen dieser Großkreise, so wird man zweckmäßig mit den Großkreis*polen* arbeiten. Sämtliche Pole der zu AA' gehörigen Großkreisschar liegen auf dem zu AA' normalen Durchmesser *(Poldurchmesser)*. Mit Hilfe des WULFFschen Netzes lassen sich sofort die zugehörigen Pole eintragen. So gehört z. B. in Abb. 27 zu dem durch AA' gehenden Großkreis mit 40^0 Mittelpunktsabstand der Pol 4.

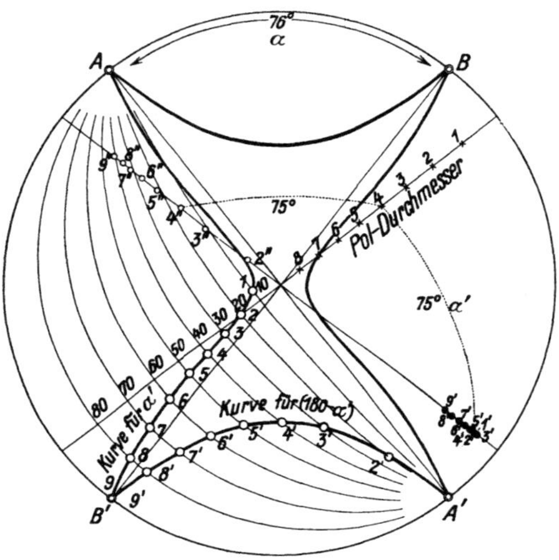

Abb. 27. Konstruktion der „Kurve gleichen Projektionswinkels".

32. Für alle durch BB' ziehenden Großkreise müssen die zugehörigen Pole auf dem senkrecht zu BB' stehenden, zweiten Poldurchmesser liegen. Es sind nun auf diesem neuen Poldurchmesser jene Punkte zu suchen, die der Reihe nach von den auf dem Poldurchmesser für AA' festgelegten Polen um den Winkel α' (im gegebenen Falle 75^0) abstehen. Natürlich gibt es im allgemeinen zwei solche Möglichkeiten, die Spannung über dem spitzen wahren Winkel (α) und jene über dem stumpfen Winkel ($180 - \alpha$).[1]

[1] Ist einmal α und dann meist auch α' größer als 90^0, so arbeitet man besser mit dem Werte ($180 - \alpha$), d. h. man verwendet immer *spitze* Winkel für die Konstruktion. Die Kurven bleiben nämlich gleich, bzw. ihre Teile tauschen sich aus. Die Verwendung der stumpfen Winkel führt oft zu unangenehmen Ableseschwierigkeiten, die man lieber vermeidet.

Das Aufsuchen dieser Punkte erfolgt unter Verwendung des WULFFschen Netzes, das man unter der aufgelegten Pause so lange dreht, bis man auf dem Poldurchmesser für BB' einen Punkt trifft, der z. B. vom erwähnten Pol 4 um α' (hier 75°) absteht. Das ist dann der gesuchte Pol 4′ und der zugehörige Großkreis durch BB' schneidet den 40°-Großkreis der Schar AA' unter dem Winkel $\alpha' = 75°$. Wie man in der Abbildung sieht, erhält man *zwei* Pole 4′ und 4″ und auch auf dem 40°-Großkreis zwei Schnittpunkte (4 und 4′) mit den zugehörigen Großkreisen der Schar BB'.

Es sei besonders darauf hingewiesen, daß die Polpunkte für die Kreisschar BB' durchaus *nicht* in *einer* Richtung aufeinanderfolgen müssen, wenn man auch bei den Polpunkten für AA' systematisch in *einer* Richtung vorschreitet. In der Abb. 27 folgen für die BB'-Kreise die Pole 1′ bis 3′ und 3′ bis 9′ einander in gegenläufiger Richtung. Jedenfalls müssen die punktweise erschlossenen Kurven durch A und B hindurchgehen. Je straffer sich die Kurven zwischen A und B (bzw. B') spannen, desto weniger Großkreise der Schar AA' sind für die Konstruktion verwendbar.[1] So kann z. B. in der Abb. 27 vom Pol 1 aus über dem stumpfen Winkel der Poldurchmesser keine Spannung von $\alpha' = 75°$ ausgeführt werden, weil dieser Pol von der Mitte selbst schon um 80° absteht.

33. Die erhaltene Doppelkurve ist symmetrisch nach den beiden Winkelsymmetralen von α und $(180 - \alpha)$ und auch zur Zeichenebene. Die „Achsenpunkte" der Kurve, das sind jene Punkte, die in den Winkelsymmetralen liegen, sind leicht zu bestimmen. Es sind das jene (Schnitt-) Punkte der Großkreisscharen, bei denen die zugehörigen Pole symmetrisch zu den Winkelsymmetralen angeordnet sind. Man legt also den Nullmeridian des WULFFschen Netzes in eine der Winkelsymmetralen und sucht jenen Meridian, auf dem durch die beiden Poldurchmesser der Winkel α' abgesteckt wird. Die Schnittpunkte dieses Meridians mit den Poldurchmessern liefern jene beiden Großkreispole, deren Großkreise sich unter α' genau in der anderen Winkelsymmetrale schneiden. In der Abb. 27 ist der Punkt 4′ auf der Kurve $(180 - \alpha')$ ungefähr in dieser Lage, was man leicht an der Lage der zugehörigen Pole 4 und 4″, bzw. an dem Meridianbogen zwischen ihnen erkennen kann. Für die andere Winkelsymmetrale ist der Punkt 1 dem Achsenpunkt recht nahe.

Die hohe Symmetrie der Doppelkurve erlaubt es, aus verhältnismäßig wenigen Punktpaarbestimmungen (in der Abb. 27 sind es 9 Punktpaare) die volle Kurve mit hinreichender Genauigkeit zu zeichnen. Die *gleichen* Kurvenstücke können auch als Unterseitenprojektion dienen, wenn man wieder mit zwei Projektionszentren arbeitet, d. h. die Unterseite aus

---

[1] In diesem Falle ist es notwendig, die Kreise durch AA' dichter zu scharen, etwa alle 5° oder noch dichter.

dem N-Pol in den gleichen Grundkreis projiziert. Darauf ist bei dem später nötigen Umwälzen der Doppelkurve entsprechend Bedacht zu nehmen (vgl. 5).

34. Verwendung der Kurven zur Bestimmung des „Winkelpunktes“ (des Pols der Bildebene). Hat man für jede der drei Flächen des gewählten Dreikantes die den jeweiligen Winkelpaaren α—α', β—β' und γ—γ' entsprechenden Doppelkurven mit Hilfe des WULFFschen Netzes derart auf drei Pausblättern entwickelt, so ist es notwendig, diese nun einander in kristallographisch richtiger Form zuzuordnen.

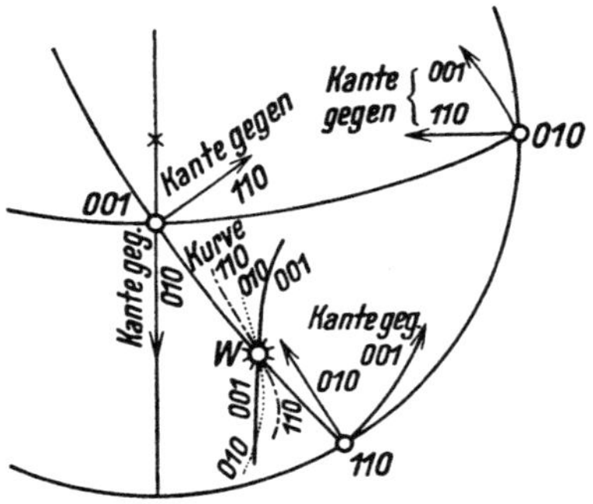

Abb. 28. Teil der Projektion für Orthoklas mit Eintragung der Kantenrichtungen für die Flächen 001, 010, 110.

Da sich die punktweise konstruierten Kurven zwischen den Schenkeln des jeweiligen *Kanten*winkels ausspannen, müssen in der stereographischen Projektion zunächst die richtigen Kantenlagen festgelegt werden. Hier ist es vielleicht günstiger, die Kante durch den Schnitt der geprüften Fläche mit dem durch den *Flächen- und den Zonenpol* gehenden Großkreis zu beschreiben. Natürlich sind die wirklichen Kanten durch die Tangenten an diesen Großkreis im Flächenpol gegeben. In diesem Sinne ist die Abb. 28 zu verstehen, die die Verhältnisse am Orthoklas wiedergibt, von dem auch schon das Beispiel für Abb. 27 genommen wurde.

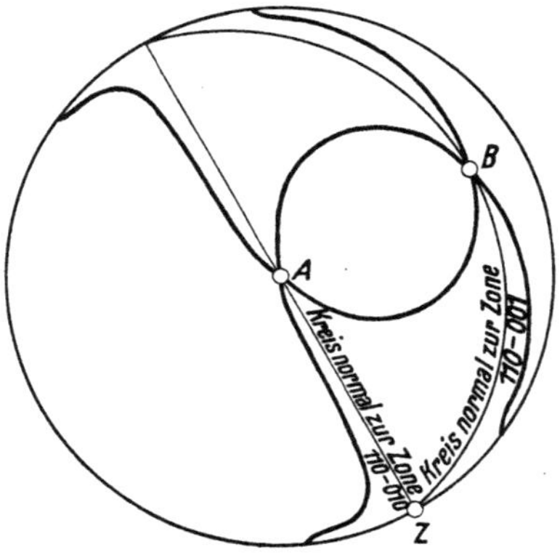

Abb. 29. Die Kurve gleichen Projektionswinkels von Abb. 27 in der für 110 richtigen Lage.

In den drei Flächen 001, 010 und 110, die zu einem Dreikant zusammenstoßen, sind die den Kantenlagen entsprechenden Großkreise eingetragen. Nun sind die drei Doppelkurven, die für jede der drei Flächen konstruiert wurden, samt der zugehörigen Dreikantfläche *in die kristallographisch richtige Lage* zu überführen.

35. Wie Abb. 29 zeigt, wird man dazu erst den Flächenpol der Dreikantfläche mit dem Winkelpaar α—α' (im gegebenen Fall der Pol von 110) in den Grundkreis drehen und dann um den Durchmesser: (Mittelpunkt — 110) so lange umwälzen, bis die zu A und B der Kurve führenden Großkreise in die Lage der Kanten gegen 010 und 001 kommen. Im abgebildeten Falle wird der zu A führende Großkreis zu einem Durchmesser. Der Winkelabstand $AB = \alpha = 76^0$.

Genau in der gleichen Weise verfährt man mit den Doppelkurven der zweiten Fläche mit β und β' und der dritten Fläche mit γ und γ'. Sind diese Flächen mit ihren Doppelkurven einmal ihrer Kantenlage nach in die richtige Stellung gebracht (was man der mehrfachen Drehungen wegen für jede einzelne Fläche auf *gesonderten* Pausen machen wird), dann werden diese, allenfalls unter Verwendung eines vierten Pausblattes mit eingezeichneter stereographischer Projektion, in kristallographisch richtiger Stellung übereinandergelegt. Man sieht, wie die drei Kurven einem gemeinsamen Schnittpunkt zustreben. Und *dieser allen drei Doppelkurven genügende Punkt* ist der gesuchte Winkelpunkt (vgl. Punkt W in Abb. 28).

36. In der Praxis erhält man allerdings meist ein, wenn auch recht kleines Fehlerdreieck statt eines einzigen Schnittpunktes (vgl. hierzu genau Abb. 28!). Die Empfindlichkeit der Methode ist eben größer als die Genauigkeit der Grundmessungen. Fehlermöglichkeiten liegen vor allem in der Schwierigkeit, in dem Kristallbild die Winkel α', β' und γ' genau genug zu messen, dann in der punktweisen Kurvenentwicklung, in deren mehrmaliger Übertragung usw., ganz zu schweigen von der Frage, ob das verwendete Bild auch genau genug gezeichnet worden war.

Da die Kurve einer Gleichung 8. Grades entspricht, sollten eigentlich alle acht, teils reellen, teils imaginären Lösungen überprüft werden. Das ist aber überflüssig, da schon der bloße Anblick des Kristallbildes verrät, in welchem Teile der stereographischen Projektion wohl der Winkelpunkt zu erwarten wäre. Hat man sich darüber einmal Klarheit verschafft, dann wird man an dem Kristallbild eine günstig gelegene Ecke auswählen, um daran die nötigen Messungen (α', β', γ') vorzunehmen. Diese Ecke soll im gleichen Oktanten wie der zu erwartende Winkelpunkt liegen. Die Pole der ausgewählten Flächen sollen aber dem vermuteten Winkelpunkt nicht zu nahe liegen. Im allgemeinen wird man also Endflächen und wichtige Prismen dazu benützen, nicht aber Pyramiden, die allzu leicht dem Winkelpunkt naherücken. Für das Orthoklasbeispiel wurde darum die 001—010—110-Ecke gewählt.

37. Verwendung des Winkelpunktes. Durch die Ermittlung des dem Bilde zugrunde liegenden Winkelpunktes, also der Lage der Bildebene gegenüber bekannten Kristallflächen, ist zwischen dem Kristallbild und der stereographischen Projektion eine völlig *eindeutige* geometrische Beziehung geschaffen und damit die Möglichkeit geboten, aus dem gegebenen „schiefen Bild" zu einem kantenrichtigen „Kopfbild", bzw. zu zweckmäßig gewählten „Aufrissen" und „Zonenschnitten" zu gelangen. Damit aber sind nach **6** bis **8** und **11** bis **19** alle Grundlagen zu einer Rekonstruktion der zugrunde liegenden Zentraldistanzen gegeben.

Der Winkelpunkt (Bildebenenpol) ist durch zwei Winkel festgelegt: durch das *Azimut* α (gegenüber der x-Richtung der stereographischen Projektion) und durch den *Grundkreisabstand* β, also durch jenen Winkel, unter dem die Projektionsrichtung der orthogonalen Parallelperspektive gegen den Grundkreis geneigt ist (bzw. die Zeichenebene gegen die Vertikalrichtung der Projektion) (Abb. 30). Der Winkel β ist demnach der „Winkel der Verkürzung“ für die Vertikalkanten des Bildes (vgl. **10**).

Eigentlich würde für die eindeutige Zuordnung des „schiefen Bildes“ zur stereographischen Projektion und zum „Kopfbild“ die Angabe des $\sphericalangle \alpha$, des Winkelpunkt-*Azimutes*, genügen, da ja damit die Bildlage der Vertikalkanten gegenüber dem Nullmeridian der Projektion gegeben ist (Abb. 31). Auch wenn der Winkelpunkt innerhalb dieses Azimutes verschoben wird, bleibt nach Abb. 10 dabei doch die SS'-Achse ungeändert, d. h. alle Eckpunkte bewegen sich bei dem Rollen um SS' innerhalb der *gleichen*, senkrecht zu SS' stehenden Ebenen. Die Kenntnis des $\sphericalangle \beta$ ist erst nötig bei Anfertigung weiterer Risse, besonders der „*Aufrisse*“. Nur mit β kann man nämlich aus dem schiefen Bild die *wahre Länge* der Vertikalkanten (oder Vertikalachse) ermitteln, wie sie zur Bestimmung der Zentraldistanzen und zur Anfertigung vertikaler Risse unerläßlich sind.

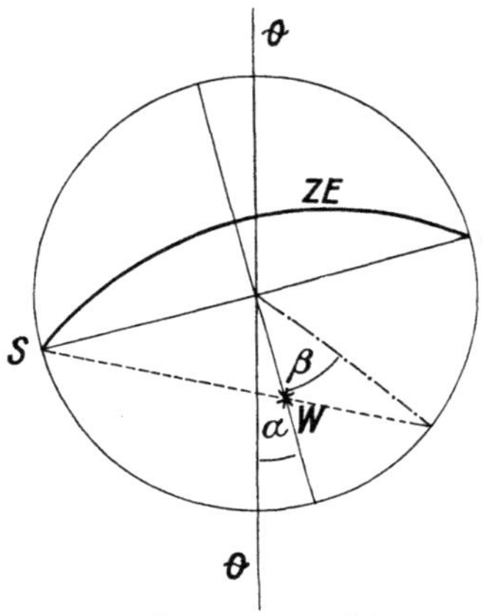

Abb. 30. $\sphericalangle \alpha$ = Azimut, $\sphericalangle \beta$ = Grundkreisabstand des Winkelpunktes W.

Der Konstruktionsgang für die Ausnützung schiefer Bilder zu Zentraldistanzbestimmungen ist also folgender: 1. Bestimmung des zugrunde liegenden Winkelpunktes nach **31** bis **35**, 2. Parallelstellung des schiefen Bildes und der stereographischen Projektion gemäß dem Azimut α, 3. Rekonstruktion des Kopfbildes unter Vermittlung der Ordner parallel dem Winkelpunktazimut und der stereographischen Projektion (daraus Ablesung der Zentraldistanzen der Grundkreiszone), 4. Verwendung des Kopfbildes, der stereographischen Projektion und des $\sphericalangle \beta$ zur Anfertigung geeigneter Aufrisse und Zonenschnitte.

38. Vereinfachung der Winkelpunktrekonstruktion bei rechtwinkeligen Bezugsachsen.[1] Die eben gegebene, ganz allgemeine Lösung der Winkelpunktrekonstruktion für ein schiefes Kristallbild ist zwar unter allen Umständen durchführbar, aber überaus langwierig und umständlich, weshalb man von dieser Methode wohl nur in seltenen Fällen Gebrauch

[1] Vgl. hierzu Ztschr. f. Krist. (A), **89**, 594 (1934).

machen wird. Für *Kristallsysteme mit rechtwinkeligen Bezugsachsen*, bzw. für solche, in denen *drei aufeinander normale Kantenrichtungen* gegeben sind, läßt sich eine wesentlich einfachere Methode der Winkelpunktrekonstruktion angeben. Jedenfalls bleiben aber für das Folgende die Kristalle *monokliner* und *trikliner* Symmetrie *ausgeschaltet*. Für das hexagonale und trigonale System ist dagegen das Verfahren anwendbar, da die Hauptachse und die Basiskanten der Prismen $10\bar{1}0$ und $\bar{1}2\bar{1}0$

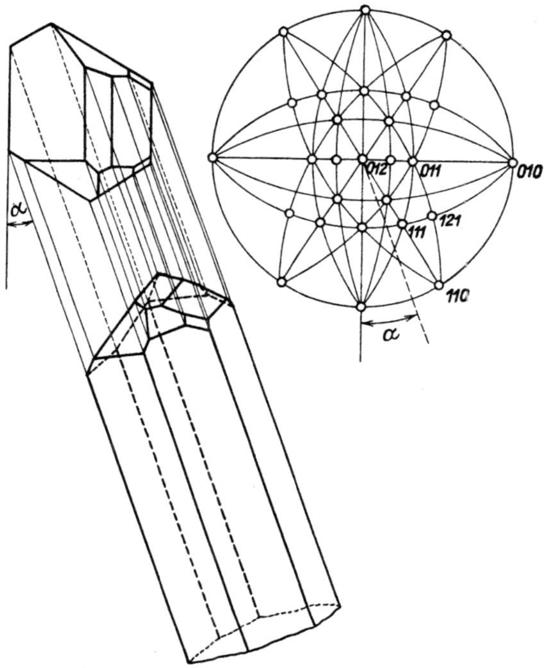

Abb. 31. Projektion, Kopfbild und schiefes Bild des Aragonites von Korlàt (nach LIFFA).

(in der BRAVAISschen Bezeichnungsweise) die drei zueinander normalen Richtungen liefern.

Als Grundlage müssen also an dem Kristallbild erkennbar oder ableitbar sein: die Kantenrichtung der Zone [010—001] = x-Achsenrichtung, jene der Zone [100—001] = y-Achsenrichtung, die Vertikalkante = z-Achsenrichtung und außerdem noch die Kantenrichtung einer Zone [hk0—001] = Basiskante eines Vertikalprismas.[1] (Vgl z. B. Abb. 31).

Bei Bildern von *Modell*kristallen können die drei Achsenrichtungen

[1] Für das *hexagonale* und *trigonale* System gelten natürlich nicht die BRAVAISschen Achsen, sondern die vorhin erwähnten *rechtwinkeligen* Bezugsrichtungen.

unter Zuhilfenahme der symmetrischen Verteilung der dargestellten Flächen auch dann leicht ermittelt werden, wenn die dazu parallelen Kantenrichtungen im Bilde fehlen (vgl. z. B. die Achsenlage einer rhombischen Doppelpyramide). In den Bildern natürlicher, *verzerrter* Kristalle ist die Gewinnung dieser vier Richtungen nicht immer möglich. Manchmal führen allerdings geeignete Parallelverschiebungen von Kanten zum Ziel. In der Abb. 32, die den vorderen Teil eines Aragonitkristalls vorstellt, sind z. B. folgende Hauptrichtungen gegeben: x-Achse (Kante 010—011), z-Achse (Kante 110—010) und Prismenkante (110—111), dagegen fehlt die y-Richtung. Legt man nun durch A eine Parallele zur Kante ($1\bar{1}0$ gegen $1\bar{1}1$) und durch B eine zur Kante ($1\bar{1}1$—$0\bar{1}1$), so schließt sich die linke Pyramide im Punkte C. Den symmetrisch genau entsprechenden Punkt auf der anderen Seite erhält man durch Parallelverschiebung der Kante (111—011), bis diese gleichfalls durch B geht. Diese erreicht die verlängerte Kante (110—111) im Punkte D, der, der Symmetrie entsprechend, mit C auf der gleichen, zur y-Achse parallelen Geraden liegt. Mit CD ist demnach auch die y-Richtung gegeben.

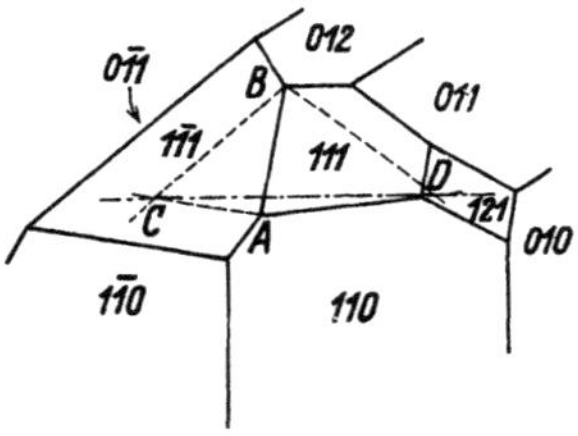

Abb. 32. Aragonit von Korlát, vordere Ecke.

Sollten auch derartige Parallelverschiebungen unter Ausnützung der Symmetrie nicht alle geforderten vier Richtungen ergeben, dann muß allerdings auch bei rechtwinkeligen Koordinatenachsen die in **30** bis **37** angegebene, umständliche Methode angewendet werden.

39. Zeichnerischer Zusammenhang zwischen den vier Kantenrichtungen und dem Winkelpunkt (Bildebenenpol). Wie aus der Abb. 33 zu ersehen ist, sind die in der stereographischen Projektion festgelegten vier Richtungen durch Vermittlung des Winkelpunktazimutes α mit der Bilddarstellung in den Richtungen Mz, Mx, My und CD verbunden. Die Vertikalkantenrichtung Mz ist durch den $\sphericalangle\, \alpha$ gegeben. Das im „schiefen Bilde" als MCD erscheinende Dreieck ist aus einem in Wirklichkeit *rechtwinkeligen* Dreieck $MC''D''$ verzerrt. Läge der Winkelpunkt in M, im Mittelpunkt der Projektion (Kopfbild), dann gäbe es für MCD keine Verzerrung. Läge W dagegen im Grundkreis, dann verkürzte sich das ganze Dreieck zu einer Geraden parallel FH, dem Durchmesser der zyklographischen Projektion der Zeichenebene. Für alle Lagen des Winkelpunktes im Azimut α dient dieser Durchmesser als *Rollachse*. Wenn es gelingt, das Maß zu bestimmen, um wieviel das Dreiecksbild MCD gedreht werden muß, damit es die unverzerrte Gestalt $MC_1D_1 \sim$ $\sim MC''D''$ erhält, so ist damit auch der Winkel β und damit eindeutig die Lage des Winkelpunktes gegeben. Das gegebene, verzerrte Dreieck muß demnach um die Rollachse FH umgeklappt werden, bis es in die

Grundkreisebene fällt, was daran zu erkennen ist, daß dann das Dreieck MCD bei M rechtwinkelig werden muß.

Da hierbei der Punkt M unverändert bleibt, handelt es sich nur um die Bewegung der beiden Bildpunkte C und D. Diese müssen sich beim Rollen um FH in Ebenen bewegen, die zur Rollachse senkrecht stehen (bzw. parallel zur Vertikalkantenrichtung = Winkelpunktazimut) und infolge der orthogonalen Parallelperspektive in der Zeichnung als Gerade erscheinen (CC' und DD'). Die Prismenkante CD selbst, die man sich

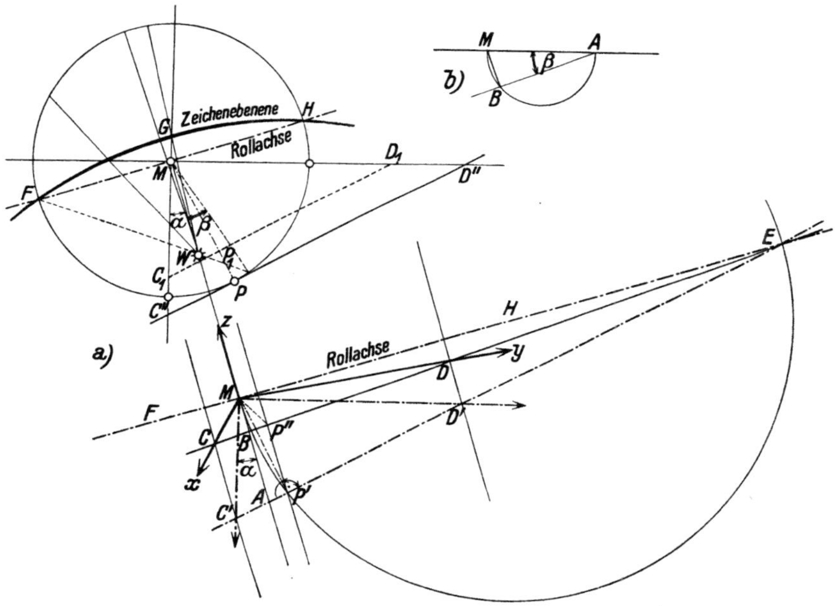

Abb. 33. Rekonstruktion des Winkelpunktes in rechtwinkeligen Systemen.

in der Grundkreisebene liegend denken kann und die daher im allgemeinen die Rollachse im Endlichen schneiden wird (Punkt E!) beschreibt bei dem Umklappen des Dreieckes MCD einen Kreiskegel, dessen Spitze in E liegt.[1]

40. Um mit Sicherheit das Ausmaß des Rollens um FH bestimmen zu können, verwendet man das Verhalten der *Flächennormale* des zugrunde gelegten *Prismas (hk0)* (MP in der stereographischen Projektion). Die Spur dieses Prismas liefert in der Projektion die Achsen-

[1] Für den Fall, daß der Winkelpunkt zufällig in die Prismennormale hineinfällt, das Prisma also in wahrer Breite erscheint, wird CD parallel zur Rollachse und gibt daher mit dieser keinen endlichen Schnitt, wodurch die eben beschriebene Konstruktion praktisch undurchführbar wird. Dann muß die früher angegebene, allgemeine Lösungsmethode angewendet werden.

abschnitte MC'' und MD''. Selbstverständlich wird jede *Parallele* innerhalb der Achsenrichtungen von der Flächennormalen MP im *gleichen Verhältnis* geteilt. Macht man also $C_1D_1 = CD$ (aus dem „schiefen Bilde"), so ergibt der in der Projektion damit erreichte Punkt P_1 das richtige Teilungsverhältnis der Strecke, bzw. jenen Punkt, in dem diese Strecke von der Prismennormalen erreicht wird (P'' aus $C_1P_1 = CP''$). Auch dieser Punkt muß sich bei dem Rollen um FH in einer Ebene parallel der Vertikalkantenrichtung (also parallel CC' und DD') bewegen und auch für diese Ebene erscheint die Projektion als Gerade parallel dem Bilde der z-Richtung ($P'P''$). Ist das Dreieck MCD in die richtige Lage geklappt, dann muß der Winkel bei P' 90^0 werden (Flächennormale!), d. h. die Linie $EC'D'$ muß auf MP' senkrecht stehen. Diese Stellung ist leicht zu bestimmen, wenn man über ME einen Halbkreis schlägt. Der Schnitt von $P'P''$ mit diesem Halbkreis muß die geforderte Bedingung erfüllen. Dann muß $MC'D'$ ähnlich sein dem Dreieck $MC''D''$ und der Winkel AMC' gibt das Winkelpunktazimut α.

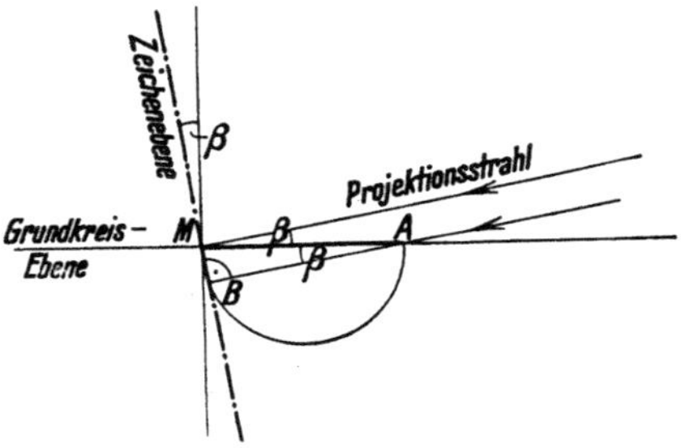

Abb. 34. Die Bedeutung des Winkels β.

Während bei dem Rollen um die Achse FH im allgemeinen alle gegebenen Kanten ihre Richtungen ändern (vgl. MC und MC', MP' und MP'' usw. . . .), so projizieren sich alle Richtungen, die in einer durch M gehenden Ebene *normal zu* FH liegen, in der *gleichen* Ebenenspur, die durch das Bild der z-Richtung gegeben ist. Also bleiben auch die Schnitte dieser Ebene mit MCD, bzw. $MC'D'$, nämlich MB und MA, in der gleichen Spur. Die für die Grundkreisebene gültige Strecke MA im Dreieck $MC'D'$ verkürzt sich in dem „schiefen Bilde" auf die Strecke MB. Da nun die Zeichenebene und die zugehörigen Projektionsstrahlen aufeinander senkrecht stehen müssen, (Abb. 34) ist leicht zu ermitteln, unter welchem Neigungswinkel der Strahlen gegen die Grundkreisebene MA betrachtet werden muß, um sich orthogonal als MB zu projizieren. Wie die Abb. 33b und 34 erkennen lassen, gewinnt man diesen Winkel β (die Neigung des Winkelpunktsradius gegen die Grundkreisebene) aus dem über MA geschlagenen Halbkreis, auf den man MB aufträgt. $\sphericalangle MAB$ ist dann der gesuchte Winkel β. (In Abb. 34 gibt MB die Spur der Zeichenebene, AB die Strahlenrichtung.) Damit sind alle Bestimmungsstücke für den Winkelpunkt gegeben.

41. Durchführung der Konstruktion. Man zeichnet aus dem gegebenen schiefen Kristallbild zunächst möglichst genau und in ziemlich großem Maßstab die verlangten vier Richtungen, nämlich die drei Achsenrichtungen Mx, My, Mz und die Richtung der Kante (hkO—001), die die Richtungen Mx in C und My in D trifft.[1] Dann legt man durch M eine Senkrechte zu Mz und gewinnt damit die Rollachse FMH. Die Vertikalrichtung des Kristallbildes ist durch Mz gegeben. Nun wird das Bild der Prismenkante CD mit FH zum Schnitt gebracht und liefert E.

In einer stereographischen Projektion des Kristalls mit den daran beobachteten Flächen zieht man die Spur des für CD benützten Prismas hkO und die zugehörige Flächennormale, die diese Spur $C''D''$ in P trifft. Diese Strecke $C''D''$ wird dann durch Parallelverschiebung auf die Größe $CD = C_1D_1$ gebracht und damit die für diese Länge gültige Lage des Normalenfußpunktes P_1 bestimmt. Die Strecke C_1P_1 überträgt man dann als CP'' auf das Bild der Prismenkante CD.

Nun werden durch C, P'' und D Parallele zur z-Richtung gelegt, womit die Parallelprojektionen jener Ebenen festgelegt sind, in denen sich bei Drehung um FH die drei Punkte auf kreisförmigen Bahnen bewegen müssen. Die Konstruktion des Halbkreises über ME liefert im Schnittpunkt mit der durch P'' gezogenen z-Parallelen den gesuchten Normalenfußpunkt P'. Es ist eine ausgezeichnete Kontrolle der Richtigkeit und Genauigkeit der ganzen Konstruktion, daß in dieser Lage der Prismenkante die gleichzeitig damit gewonnenen Punkte C' und D' mit M ein *rechtwinkeliges* Dreieck geben müssen. Ist A der Schnittpunkt der nunmehr in die Grundkreisebene gedrehten Prismenkante mit der z-Richtung, so ist mit $\sphericalangle AMC'$ das gesuchte Winkelpunktazimut α gegeben. Man kann nun (wie in Abb. 31 und Abb. 33a) die Parallelstellung von Kantenbild und stereographischer Projektion vornehmen, wobei MC' mit der x-Achse, MD' mit der y-Achse parallel liegen müssen. MP' ist dann parallel MP der Projektion. Damit ist der Winkel α direkt aus der Projektion ablesbar.

42. Da die Konstruktion mit mehrfachen Parallelverschiebungen und Vergrößerungen belastet ist und allfällige Mängel des zugrunde gelegten schiefen Bildes noch dazukommen, liefert die praktische Durchführung vielfach nur ein der Rechtwinkeligkeit *sehr nahes*, aber doch nicht tatsächlich rechtwinkeliges Dreieck $MC'D'$. Die dadurch bedingte kleine Ungenauigkeit in der Rekonstruktion des Winkelpunktes ist aber so gering, daß sie für die folgende zeichnerische Auswertung belanglos bleibt.

Der zur Festlegung des Winkelpunktes noch notwendige Grundkreisabstand β ist nach **40** aus dem rechtwinkeligen Dreieck mit MA und MB gegeben. Die Punkte A und B erhält man im Kantenbild durch

[1] Da es sich hierbei *nur* um Richtungen und nicht um bestimmte Strecken handelt und das *Verhältnis* von Abschnitten durch Parallelverschiebungen nicht geändert wird, empfiehlt es sich, das zur Konstruktion notwendige Dreieck MCD ziemlich groß zu machen.

den Schnitt der z-Richtung mit dem Bild der Prismenkante CD, bzw. mit deren Umklappung $C'D'$.

Die weitere Behandlung des Bildes und der stereographischen Projektion zum Zwecke der beabsichtigten Ermittlung von Zentraldistanzen erfolgt in der durch **37** vorgeschriebenen Weise.

Anhang.

43. Wenn auch grundsätzlich alle Fragen der graphischen Kristallberechnung ausgeschaltet blieben, mag hier nur daran erinnert werden, daß man durch Vermittlung geeigneter Schnitte nach den Ebenen xy, xz, yz der Kristallachsen, deren Anfertigung nach **15** und **19** außerordentlich leicht und hinreichend genau erfolgt, ganz gut auch *Parameterverhältnisse* hinsichtlich der Achsenabschnitte und der (bei schiefen Achsen) notwendigen Winkelgrößen (Achsenwinkel) bestimmen kann. Doch sei auch hier wieder nachdrücklichst auf das Boekesche Büchlein über die stereographische Projektion verwiesen.

44. Endlich sei noch auf eine Aufgabe aufmerksam gemacht, die bei Trachtuntersuchungen immer wieder zu behandeln ist, nämlich die *Bestimmung des Volumens einer bestimmten Tracht.* Hierfür kann man sich nach Becke den ganzen Kristall aus den Anwachspyramiden jeder einzelnen vorhandenen Fläche zusammengesetzt denken. Diese Anwachspyramiden haben ihre Spitze gemeinsam im Keimpunkt, ihre Grundflächen sind durch die außen sichtbaren Kristallflächen gegeben und die Höhe jeder Pyramide ist durch die zugehörige Zentraldistanz bestimmt.

Wie aus den früheren Ausführungen ersichtlich ist, sind aus einem kantenrichtigen Kristallbilde alle notwendigen Einzelheiten abzuleiten. Das zugehörige Kopfbild gibt unter Benützung der S. 1 angeführten cos-Beziehung eine einfache Möglichkeit, alle darin sichtbaren Flächen ihrer Größe nach zu bestimmen. Für die Flächen der Vertikalzone ist entweder eine direkte Größenbestimmung leicht durchführbar, oder man verwendet einen entsprechenden, kantenrichtigen Aufriß, der hinsichtlich der geneigten Flächen analog dem Kopfbild behandelt wird. Letzten Endes besteht noch die Möglichkeit nach **20**, **21** jede Fläche in wahrer Größe zu entwickeln und daran die Bestimmung der Flächengröße vorzunehmen. Die Zentraldistanzen müssen dazu (in gleichem Maßstabe) anderweitig gegeben sein.

Manzsche Buchdruckerei, Wien IX.

GPSR Compliance

The European Union's (EU) General Product Safety Regulation (GPSR) is a set of rules that requires consumer products to be safe and our obligations to ensure this.

If you have any concerns about our products, you can contact us on ProductSafety@springernature.com

In case Publisher is established outside the EU, the EU authorized representative is:

Springer Nature Customer Service Center GmbH
Europaplatz 3
69115 Heidelberg, Germany

Batch number: 10577896

Printed by Printforce, the Netherlands